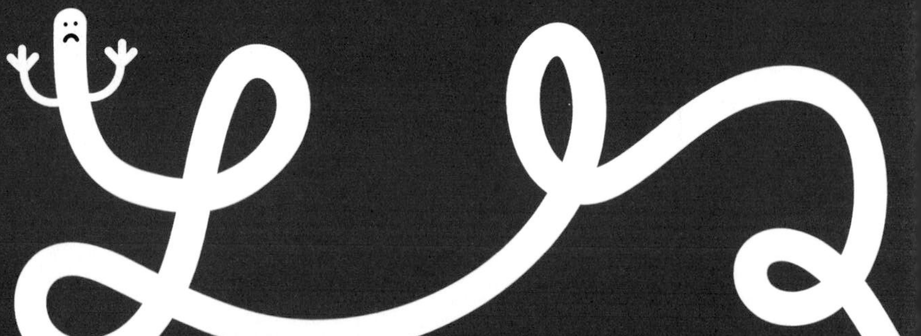

有點噁的科學

尷尬又失控的生理現象

的科學

Stefan Gates
史蒂芬·蓋茲——著

林柏宏——譯

RUDE SCIENCE

Everything You've Always Wanted to Know About the Science No One Ever Talks About

獻給老爸，艾瑞克‧蓋茲，
你燃起我的求知欲。

Contents
目錄

第一章
嗨嗨

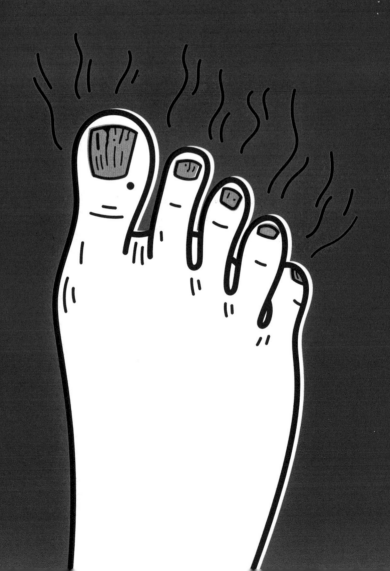

1.01
嗨嗨，瞧你這美人兒

歡迎來上這門科學課，內容有些酥酥脆脆、黏黏稠稠、吵吵
鬧鬧，而且腫脹結塊，還發臭不太好聞，但對你來說絕對
無比重要。我們從小就被灌輸這樣的觀念：人類的動物性那一面
及其種種古怪現象令人羞恥。但羞恥心是社會用來對付我們的武
器，要限制我們的歡樂，壓制我們的野心，讓我們保持原狀。現
在是時候反抗這種暗中作祟的羞恥心了，好好愛上自己的身體
吧！你的痘痘、你的體味，你的疣、膿、屁和腳垢，滲出各種稠
乎乎、黏答答汁液，以及不斷從身體脫落的痂、皮屑和淋巴結核
廢料，這些對我來說都可愛極了。

　　**你的種種缺點、怪癖、疔瘡和皺紋，以及與你相伴的微生物
和寄生蟲組成的異種世界，都是本書禮讚的對象。**我敢肯定你有
漂亮的臉蛋、俊美的手指，頭髮俐落有型而皮膚完美無瑕，但這
些表面——且短暫的——特徵不過是命運、基因和時尚這些捉摸
不定的因素贈予你的。你關注它們，卻對那些真正讓整個人有趣
的事物視而不見。正是那些古怪的小地方、不完美的小地方、詩
人從來不寫的小地方，讓你成為複雜多元、獨一無二、不完美得
恰到好處的個體。再怎麼說，要是完全沒放屁、沒嘔吐、沒長斑

點、沒出膿且沒小便，你根本就活不了。

　　所以，這本書的標題很明顯是故意說反話。人類（包括我）總覺得肉體官能的部分令人窘到不行，因為我們一直以來都被這樣教導，然而把任何生理現象都說成是「粗鄙噁心」，就好像在說「物理現象很火大」，實在很荒謬。生理機制和我的小倉庫一樣，不受道德指引，也沒有禮儀意識，不在乎你喜不喜歡──它就是這樣。我將這本書書名定為《有點噁的科學》，並非希望你認為它噁心，我一點這樣的意思都沒有，恰恰相反：我想讓大家從尷尬的心理中獲得解脫，開始覺察身體內在的美。

　　我們會因為自己無法控制的生理現象感到尷尬，這挺可悲的，卻也很符合人性。但如果我們更放開心胸討論它們，也許我們赤裸裸的時候會更自在。或許我們就會明白，所謂怪胎之類的傢伙根本不存在──只有奇妙的個體差異。我不是期盼每個人馬上開始邊吃晚餐邊討論布里斯托大便分類表（the Bristol Stool Scale），但也許這本書有助於往正確的方向推行。如果我們有機會變得更加愛自己──也愛彼此，難道不值得一試嗎？

　　本書對於奇特怪異的疾病領域沒有詳細探討，因為關於那方面的優秀著作已經不少了；再者，我的主要目的是讓我們對自己的身體現象不覺得那麼尷尬，這只是它日常例行的工作，也是大多數書籍**都不**探討的主題。我深入研究的症狀主要是絕大多數人身上都可能發生的毛病，例如痤瘡、疥癬、膿皰和疣。雖然通常是小問題，但它們發生的當下可能就是讓人感覺糟糕得不得了，因為我們長久以來就被教導它們是不雅的，不宜在社交場合亮相。好，現在是時候亮出我們的疹子了。

雖然大家 —— 包括我在內 —— 對其中的某些部分會覺得尷尬或反感，但其實所謂「噁心的科學」並不存在，我們只不過還沒學會接納它當朋友。

醫療聲明

　　這點應該不用說大家也很清楚，本書的任何內容都不宜被視為醫療指南，如果您對自己的健康有任何疑慮，應該找醫生諮詢，而不是怪癖專家。

1.02 關於你的美妙數據

你 是個精緻美麗的大皮囊，由 7,000,000,000,000,000,000,000,000, 000,000 顆原子組成，分裝在三十萬億顆細胞中，這些細胞根據你獨特的基因設計藍圖，進行精密組裝 —— 然後不厭其煩地分解後再重新組裝 —— 合成你的形狀。每個人型態各異，意味著即使從五萬年前至今，共有一千億人曾生活或正生活在地球上（每個都是最獨特的），即使你與他們 99.5% 的 DNA 都相同，每個人仍舊是獨一無二的。

　　你的身體是繁忙的化學實驗室，吃、喝進體內的食物會化成各種形式的汁液、氣體、蛋白質、碳水化合物、脂肪和細胞，身體實驗室則沒日沒夜地對它們瘋狂進行合成代謝（構建）和分解代謝（拆解），使其產生數萬億種超複雜的生化反應程序。這些生化反應可能在任何時候發生，同一時間有多少種程序正進行著也說不準。事實上，**各種細胞大部分都經常更換，因此你的身體平均只有十五歲。**這個在你體內運作的巨大生化反應工廠統稱為新陳代謝，完全由你的 DNA 策劃控制，DNA 包含組建蛋白質的代碼，產生的蛋白質可以創造生物結構或製造酶。

　　DNA 代碼決定你的製造方式，所需的原料組成是：64% 的水、16% 的蛋白質、15% 的脂肪、4% 的礦物質和 1% 的碳水化合物。有了這些，再加上從食物和飲料中攝取的營養，你可以產生一・五公升（二・六品脫）的唾液、五百三十五毫升（將近一品脫）的汗液、一・二公升（二・二品脫）的鼻涕、一・六公升（二・八品脫）的尿液、二百四十萬顆紅血球、一百五十公克

（五盎司）的糞便、二・五公升（四・四品脫）的胃液、一毫升
（〇・〇四液量盎司）的眼淚，每天還會有一・四公克（〇・〇
五盎司）的死皮細胞脫落。

　　而且你每天會呼吸一萬一千次、眨眼一萬五千次，並產生
一・五公升（二・六品脫）的腸胃排氣，排出十到十五顆屁，這
些是由腸道中總重約二百克（七盎司）的細菌產生。你有五百萬
根毛髮，不過其中只有十到十五萬根在你的頭上。每天會多生長
〇・四公釐（〇・〇二英寸），而且與你的指甲密切相關，手指
甲每個月會增加三・五公釐（〇・一四英寸），腳趾甲則是一・
六公釐（〇・〇六英寸）。

　　我們這會兒討論數字時，別忘了你體內有五・五公升（十
品脫）的血液在流動，沿著總長十萬公里（六萬二千英里──是
的，你沒看錯）的靜脈和毛細血管流動。這一切都由你的心臟推
動，心臟每天藉著十萬次搏動，像幫浦一樣推送約六千二百公升
（一萬一千品脫）的血液循環你的身體。再給個驚人的數據，如
果把你體內所有的 DNA 首尾相連，總長度可延伸達一百六十億
公里（一百億英里）。

　　**人的全身有七十八個器官，成人有二百零六塊骨頭（嬰兒的
骨頭超過三百塊），六百多塊肌肉，兩顆無毛的乳頭和一條退化
的尾巴。**這樣子你值多少錢？嗯，我會說你是無價之寶，不過二
〇一三年，英國皇家化學學會曾經計算過，若所有組成元素都取
用無雜質的最純質材，從頭開始構建一個人需要花多少錢。光是
材料成本就高達九萬六千五百四十六・七九英鎊（約新臺幣三百
八十八萬）。

第二章
汁液、黏液，
以及酥脆的屑屑

2.01 飽滿多汁的你

你的身體每天消耗約二‧五公升（四‧五品脫）的水，但其中只有三分之二來自你所飲用的液體。竟然有 22% 來自你吃的食物。更令人驚訝的是，有 12% 是代謝水，這是細胞消耗燃料產生的副產品＊（就像汽車燃燒汽油後──除了一些令人不舒服的汙染物──主要產生的是二氧化碳和水）。

總和來說，你大約有 60% 是水，但女性明顯比男性更乾燥，身體總水分比例為 52% 到 55%，而男性為 60% 到 67%。雖說有兩性差異，水的比例也因人而異，主要取決於你體內脂肪的百分比（攜帶的脂肪愈多，水的比例愈低）。你的大腦確實非常溼潤，有 75% 到 80% 是水分，再加上少量的脂肪和蛋白質。不管怎樣，在你的組成成分中，水比任何其他物質都還要多＊＊。

＊　駱駝同樣是藉著消耗燃料產生水，而不是將所需的水儲存在駝峰中，雖然如此，駝峰仍是水合作用（hydration）的來源。駝峰是一種類似斯帕姆午餐肉（Spam，美國著名的罐頭肉品牌。這種由荷美爾食品公司〔Hormel Fc〕製造的罐裝預烹肉製品，是二戰期間最出名的軍用糧食之一。午餐肉被塑造呈磚形，由火腿、豬肉、糖、鹽、水和馬鈴薯澱粉製成。）的柔軟脂肪組織，可以經代謝後產生水分。

＊＊　如果想知道更多細節──真這麼想的話，我會很高興──體液可以分成兩種。三分之二是存在於細胞內的細胞內液，三分之一是細胞外液，它在細胞外流動的形式有許多種：像是位於淋巴系統和細胞間隙（如細胞膜和皮膚之間）的間質液，另外還有血漿和腦脊液。

不過，水喝多了也會死人，這印證了中世紀瑞士名醫帕拉塞爾蘇斯（Paracelsus，被譽為毒理學之父）的名言：「萬物皆有毒，毒性大小只與劑量有關」。許多人認為每天需要喝兩公升（三·五品脫）的水，但多數營養學家不是這樣建議的——只會說「保持水分充足」。事實上，你應該留意不要讓自己太快喝下過多水，這麼做會導致水中毒。當你喝下大量的水，太快將體內的電解質稀釋，因而來不及重新達到電解質平衡，就會發生中毒情況。水中毒確實曾奪走人命，在加州有位年輕婦女，參加一家廣播電臺舉辦的飲水比賽時，三小時內喝了六公升（十·六品脫）的水，結果死於水中毒。一九九五年，一名十八歲的英國女學生服用搖頭丸後死亡，不過她的確切死因是，她在不到九十分鐘內喝了七公升（十二·三品脫）的水。

2.02 鼻涕與鼻屎

你一整天都在製造（以及吞下＊）鼻黏液，或稱鼻涕，每二十四小時可產生一到一・五公升（一・八到二・六品脫）。鼻涕是一種在鼻腔、口腔和喉嚨中形成的細膩黏性凝膠，主要功能是捕捉在呼吸道附近打轉的異物，例如灰塵、細菌和病毒。**你每天會吸進約八千五百公升（一萬五千品脫）的空氣**，空氣中充滿細小的顆粒和微生物，可能會損害脆弱的肺部，因此鼻涕提供一道非常重要的防線。鼻涕滲出後，這種黏稠的混合物會藉由一種奇妙的運輸系統滑到喉嚨的咽部，這種輸送方式叫做黏液纖毛清除（mucociliary clearance），接著要嘛將它吞嚥，讓它到胃裡面被強酸胃液破壞，要嘛在咳嗽或打噴嚏時將它噴出去（這很少發生）。

　　鼻涕有 95% 是水，但濃稠如果凍的型態則是由於它 2% 到 3% 的成分來自黏液腺和黏膜細胞分泌的大型黏液素醣蛋白分子。這些的黏蛋白由非常大的分子組成，它們相當不簡單，能形成絲縷、繩線和片狀，將水分結合在一起，形成一種黏糊糊、稠乎乎、交纏連結的半固體凝膠＊＊。鼻涕的其餘成分還有少量蛋白聚醣、脂肪、蛋白質和 DNA。

＊　一天之中，你無意間就吞嚥二千次——約每三十秒就吞一次。

＊＊　凝膠很迷人——它們是主要是液體，但由於交織連結成網而表現得有如固體。有趣的是，「凝膠」（gel）一詞是在十九世紀由研究膠體的蘇格蘭化學家托馬斯・格雷姆（Thomas Graham）發明，他將「明膠」（gelatine）縮寫後創造出這個詞。

我最喜歡的運輸方式除了蠕動和循環外，就屬黏膜纖毛清除了。鼻涕會黏附吸入的髒東西，被數以百萬計的微型纖毛慢慢推向喉嚨咽部，這些毛髮狀的纖毛每秒抖動約十六次，並以每分鐘六到二十公釐（〇·二到〇·八英寸）的速度，熱熱鬧鬧推著鼻涕走。

　　儘管鼻涕的優點不少，但也為某些病毒提供安全、潮溼的避風港，如果沒有它，這些病毒會迅速死亡。**瑞士的一項研究發現，流感病毒在一張鈔票上只能存活幾小時 —— 一旦有小小的一點鼻涕加入，它就能在這種情況下維持生命兩週半。**

　　那麼，鼻涕什麼時候會化為鼻屎呢？好吧，每個小學生都知道，鼻屎比鼻涕更硬、更乾，顯然更容易用手彈出去。鼻孔附近的黏液很容易變乾，因為那裡的水分蒸發量比呼吸道其他部分大。這會使它變得太黏稠，無法被黏液纖毛清除運送，因此它會變成一團厚重的乾燥凝膠（依在下愚見，外面酥脆，裡面柔軟的最好），此時應該就是動員一隻乾淨手指進行探索的好時機了。美國威斯康辛州（Wisconsin）有一項研究發現，約

鼻涕小學堂

為什麼鼻屎是綠色的？嗯，鼻涕通常是一種相對稀薄的透明凝膠，但人體生病時，白血球為了抵抗感染，會分泌一種稱為髓過氧化酶（Myeloperoxidase）的抗菌酵素，這會使鼻涕變得較黏稠，並且變成黃色或綠色。

91% 的人挖鼻孔（或少只有 91% 的人承認自己挖鼻孔），而且研究對象中有個人每天會花一到二小時挖鼻孔。印度的邦加羅爾（Bangalore）有另一項研究發現，**大多數青少年承認自己每天挖鼻孔四次，其中 20% 的人認為自己「嚴重摳鼻成癮」，而 12% 的人說他們摳鼻子只是單純因為舒服。**

　　這裡就碰上你一直急著想問的問題：掏挖鼻子採食黏液（rhinotillexic mucophagy）有沒有問題？換句話說，把你的鼻屎挖出來吃掉，這樣會有危險嗎？嗯，二〇〇四年，奧地利的肺部病理專家弗雷德里希・畢辛格（Friedrich Bischinger）教授說，吃鼻屎對免疫系統有好處（畢竟，透過黏膜纖毛清除，你大概早就將它們吞下去了）。這個論點沒有研究佐證，但只要你的手指乾淨，就不會有太大問題。不過請小心，摳挖採礦時，不要挖得太痛快忘我而弄傷鼻子。

2.03 痰

無論寫在紙上還是用嘴巴說，痰（phlegm）都是一個美妙的詞，但在肺部，它是一種類似鼻涕的黏稠凝膠。兩者都是從你的黏膜滲出來的黏液，但鼻涕鋪蓋在鼻子、喉嚨和嘴巴裡，而痰主要是你生病時在肺部產生。當我們發出「呵嗚啦咳」這種類似咳嗽的聲音來清除肺部淤泥時，蹦出來糊糊一坨的就是痰，一旦它與口腔中的唾液混合，就被稱為痰液。

健康的人產生的痰非常少：每天只有十五到五十毫升（〇‧五到一‧八液量盎司）。但當你生病時，痰液工廠就啟動了。你的黏膜分泌量會增加多少得視你的病情而定，**如果不幸發生支氣**

痰液小學堂

就像鼻涕透過黏膜纖毛清除作用，順著喉嚨往下移動一樣，痰液會通過「纖毛自動扶梯」進入你的喉嚨。這是一種排列在喉嚨和肺部的微小纖毛所製造的波浪運動，而咳嗽也有助於它移動（見第 62 頁）。黏液會刺激肺部和喉嚨中的神經感受器，使我們咳嗽，迫使痰與一股空氣一起排出。當一團痰（連同它攜帶的任何髒東西）到達喉部，它就離開敏感的氣道，可以被引導到嘴巴，吐到紙巾裡（講「咳吐痰液」[expectorating] 會顯得比較酷），或者更有可能的是被吞入胃中，酸性胃液會將其分解，並將任何有害物質都銷毀。

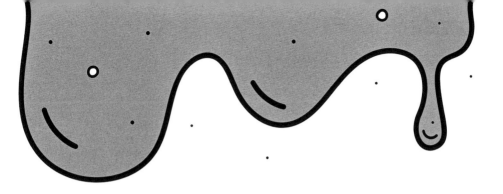

管溢漏的情況，或許一天能產生多達兩公升（三・五品脫）的痰液，那可真的是黏人難纏啊！

身體產生痰，其實是一種防禦機制。痰可以捕捉和清除肺部的有害物質，其基本成分與鼻涕相似：水、膠凝劑、蛋白質和鹽，以及抗體和酶。顏色從綠色到紅色、黃色、棕色，甚至是黑色，實際上，痰的顏色取決於一開始促使它產生的外來物質是什麼，原因可能不少：感冒、支氣管炎、流感，或者是吸入煙霧或灰塵。問題的本源為何，只要仔細觀察，就能掌握很多相關資訊：透明的痰通常表示有病毒，但白色或黃色的痰表示可能混合了膿液，或許有細菌感染。綠色代表特定的細菌感染，紅色則有出血，黑色就說明你吸入煤塵之類的顆粒。儘管這是一種防禦機制，但對於呼吸系統有問題的人，痰會帶來很多麻煩，使呼吸更加困難。

2.04 耳垢

耳垢是另一種讓人非常厭惡的身體黏糊物質，但對我們的健康相當重要。正式名稱為耵聹（cerumen），一種略帶苦味的混合物（好吧，至少我的是），來自舊皮膚細胞與毛髮的角蛋白（占 60%），藉著油脂（占 12% 到 20%）結合在一起，其中的油脂包括毛囊皮脂腺分泌的黏性皮脂；再加上黏性較低的分泌物，來自外耳道裡的特化性耵聹汗腺。還有一些數量不等的角鯊烯、乙醇和膽固醇。

這種蠟狀抗菌混合物能以多種方式保護耳道：使耳朵皮膚防水，並保持潤滑柔順；能殺死一些細菌和真菌；裹覆著耳朵裡的保護毛，這樣一些不受歡迎的入侵者，如灰塵和細菌，就會沾黏在這些保護毛上，無法進入耳朵纖細敏感的內部。

有趣的是，**耳垢還分兩種，溼的和乾的；你的耳垢會是乾的或溼的，由你的基因決定**。較常見的溼耳垢含有比較多油，顏色範圍大概由黃色至棕色，如果你是非洲人或歐洲人，最有可能是這種。而美洲原住民、東亞人或東南亞人，比較可能會有灰色的乾燥片狀耳垢。還有研究指出，耳垢溼的人往往會產生腋下體味，而耳垢乾的人則要少得多。

雖然大家都喜歡用乾淨的手指掏出一整指耳垢，但其實不應該這樣做，因為耳朵可以自行清除耳垢，它有一種超棒的天然輸送帶機制，稱為上皮遷移（epithelial migration）。鼓膜細胞（密封和保護中耳的屏障）向外生長的速度與指甲大致相同，這會使

碎屑到最後比較可能掉出去而不是跑進耳朵，你日常本能的下頜運動對這過程也有幫助。

但大家都有經驗，耳朵有時還是需要一點幫忙，如果是這種情況，請**不要**將棉花棒塞入耳孔，或毫無意義（且危險）地用「耳燭」亂搞。這種點燃蠟燭並將另一端放入耳道的做法很可能會造成灼傷，或將耳垢推到耳朵更深處，使問題變得更糟。也不要將任何其他東西塞進耳道——我的醫生曾經說，**不要將任何比你手肘小的東西塞進耳朵，絕對百害而無一利**。更好的做法是，快到家醫科醫生那裡，讓他們檢查。如果真的有耵聹栓塞（cerumen impaction）的情況，他們可能會開給你一種軟化劑，用來潤滑耳垢，使它更容易移動。

幸運的話，你的醫生或許還覺得堵塞情形有必要用溫水沖洗。我曾經嘗過洗耳朵的滋味，很樂意花大把錢再體驗一次。醫生用一種小型噴射沖洗機，將輕緩的加壓水波推入我的耳朵，直到堵塞的耳垢移動。而且，天哪！當堵塞物最後響亮地**咕嘟一聲**滑動，那種感覺簡直爽得讓人膝蓋發抖。

2.05 嘔吐

每天位於胃壁深處的胃腺中，會有各種細胞一起產生二到三公升（三‧五到五‧三品脫）的胃液。這是一種酸性很強的東西，酸鹼值約為一到三（介於蓄電池酸液和醋之間），這就是為什麼當你用漂亮的白色電話和修依大聊特聊 * 時，嘴裡會有一種揮之不去的強烈酸味。但就與許多人體汁液一樣，它也像迷人的雞尾酒一樣值得探索，尤其是可以用來烹煮食物（請參考下一頁的嘔吐小學堂）。

胃液還含有「內在因子」（intrinsic factor）（名字很妙，我們用它來吸收維生素 B_{12}），以及包含胃泌素在內的激素、胃蛋白酶原（enzyme pepsinogen，可惜嘗起來一點也不像百事可樂）、水和鹽。總而言之，它是一種腐蝕性相當強的混合物，卻在我們體內搖來盪去，這就是為什麼身體也會分泌一種黏稠的鹼性黏液鋪在胃裡，免得胃酸燒灼破洞。當然，嘔吐物混和了所有的這些東西，再加上我們狂吃痛飲下肚後、已稍微磨爛的食物和飲料，這些統稱為食糜 **。

---

* 　to call Huey down the great white telephone，英文俚語，意指嘔吐。

** 　目前還不清楚為什麼我們從不說「糟糕，我快倒出食糜了」，不過「嘔」、「吐」的擬聲效果真的不賴。

嘔吐小學堂

胃液有很多用途，但我最喜歡的是，它可以徹底將你的食物重新煮過。如果你吐出一杯類似純胃液 * 的東西（這不太容易，因為空腹只含有約三十毫升〔一液量盎司〕——你的胃腺只有在食物到達後，才會真正開始產生胃液），你會發現蛋可以放在裡面煮。將雞蛋打在胃液裡，蛋清會慢慢變得不透明，因為酸會使蛋白質變質，與煎鍋中的高溫效果相當類似。秘魯料理**檸汁醃魚生**（*ceviche*）就是利用檸檬汁進行相同的烹飪過程：由於蛋白質變質，表面細菌被殺死，浸泡在檸檬汁裡的生魚肉會變得不透明。如果將牛奶加入胃液中，會發現它立刻凝固，這些東西你有興趣就嘗嘗看吧。

胃液不只好玩而已——還能發揮重要作用，將你吞噬食物時一起下肚的數十億微生物都殺死，這些微生物可能會導致沙門桿菌中毒、霍亂、痢疾和傷寒等感染病症。你每天會產生與吞嚥一到一‧五公升（一‧八到二‧六品脫）的鼻涕（見第 17 頁），其中也黏附著細菌和真菌孢子，胃液有助於殺死它們。胃液還能促使肉類和魚類的肌肉纖維和結締組織分解，協助胃蛋白酶發揮作用，並讓身體更容易吸收鈣和鐵。

---

* 我在一部電視紀錄片中真的這樣做過，這部片裡，我們試著從我體內提取各種有 E 編號的歐盟認可食品添加物，包括純鹽酸（E507）。

2.06 反胃

反胃嘔吐（*emesis*）是聲響很大的劇烈嘔吐行為，而不只是構成嘔吐物本身的食物和胃液溢出來這麼簡單。嬰兒特別擅長——我有一些很棒的錄影片段，我超級可愛、才四週大的女兒黛西吸吮我的鼻子，一副惹人疼愛的樣子，然後直接作嘔狂吐。這種從胃和十二指腸（胃之後的一部分小腸）噴出腐臭汗垢的反射動作很有用，充分做到「排出去總比留著好」，可以去除體內不受歡迎的物質。

嘔吐的機制令人著迷，觸發因素可能是胃病（通常是胃偵測到受汙染的食物後做出反應）、難聞的氣味和暈車。這些會激發作嘔（噁心）和厭食（食欲不振 *）的感覺。然後，你會經歷一連串自己無法控制的複雜運動反應：口腔中唾液突然增多且特別稀薄如水、出汗、頭暈、心率加快、瞳孔擴張和皮膚血管變窄（這就是為什麼感到噁心想吐的人通常看起來很「蒼白」）。身體正在為接下來的行動做好準備。

就在嘔吐物開始向上噴射前，你會先開始乾嘔，感覺就像非常強烈的打嗝。然後，**你的喉部和鼻咽部關閉，以確保準備要湧上來的酸性混合物不會進入肺部（那將非常危險），此時呼吸會受到限制**。隨著十二指腸收縮，胃部放鬆，正要進入小腸的食物

---

* 嚴格來說，厭食症只是指食欲不振，而進食障礙被稱為「神經性厭食症」（anorexia nervosa），但通常簡稱為「厭食症」。

被噴回胃部。

　　接下來，橫膈膜和腹壁擠縮以增加壓力，胃底部的閥門（幽門括約肌）關閉，最後，胃開始處的閥門（胃食道括約肌）打開——然後一切就緒，衝吧！壓力向上釋放，導致胃的內容物向上噴出喉嚨，進入（希望有）等著接的桶子或馬桶。

　　這還沒完。如果身體決定你需要清個徹徹底底，可能會讓這個過程再跑一次。但當你放鬆時，壓力就會釋放，腦內啡會進入你的血液，讓你感覺好一點。

　　生病不是世界上最糟糕的事情，但如果你已經身體不適，不斷反胃作嘔可能會使你非常痛苦且疲憊。

反胃小學堂

如果你意識到自己吃的東西可能有害，或許會讓自己生病，還是請看看你的胃如何回應，最好別擅作決定。雖然藉由嘔吐來擺脫不良食物很有效，但這會給食道帶來巨大壓力，並迫使強酸胃液進入身體的脆弱部位，可能使它們被燒傷。酸還會損壞你的牙齒。其他潛在問題包括身體虛弱、疲倦、電解質失衡引起的心臟問題，以及便祕、胃灼熱、喉嚨痛，還有打嗝時較容易嘔吐，嘔吐最好能免則免。

2.07 膿

是的，你買這本書，為的就是**這個**吧。無論你對鼻屎、耳屎和嘔吐物感覺如何（我希望你開始愛上它們），要說噁心，膿完全是不同等級的存在。所以，大家暖身一下動起來吧：我們要到膿的異世界去嘍！

膿液是湯汁狀的白血球死屍，別有一番魅力，這是你身體的防禦系統與致病性細菌開戰後產生的。這些細菌的目的是入侵、感染你的身體，致病性意味著這是「一種能導致疾病的有機體」，而細菌是微小的生物體，通常只由一顆生物細胞組成。並非所有的細菌都是有害的——事實上，很多細菌都是我們維生必需的，尤其是生活在腸道中幫助你消化食物的一百萬億隻細菌（見第 127 頁）——但有害的細菌包括那些會引起霍亂、炭疽、淋巴腺鼠疫和沙門桿菌中毒的細菌。割傷和擦傷可能會遭到許多不同類型的細菌感染，但最常見的是腸球菌和葡萄球菌，將近半數的傷口感染都有它們的蹤跡。

膿液的成長發展路徑清晰明確：一、曝露；二、附著；三、入侵；四、定植（colonization）；五、中毒；六、組織損傷與發病。首先是曝露接觸，細菌（或真菌、寄生蟲、傳染性蛋白顆粒）透過入口進到人體裡——通常是某個戒備森嚴的人體孔洞，例如嘴巴、鼻子、屁股、黏膜（眼睛、陰莖或陰道——身體上任何有黏液保持溼潤的部位），或皮膚上的受傷破口。絕大多數細菌一出現就會被殺死、中和或只是很簡單地去除掉。但有時它們可能大批前來累積到一定數量，或者屬於特別危險的類型。如果

膿液小學堂

當膿液聚集在皮下還看不見時，所填充的空隙稱為膿瘍。當它在皮膚下方已經可被看見時，則稱為膿皰（見第 76 頁，痘痘，就是一種膿皰）。擠壓痘痘後看到的膿液大多是淡黃色，但也可能是綠色、棕色或黑色，端看嗜中性白血球（neutrophil）負責消滅的細菌是哪一種。綠色可能來自嗜中性白血球用來殺死細菌的鮮綠色髓過氧化酶，也可能是因為某些細菌產生一種名為綠膿素的綠色色素來保護自己抵抗嗜中性白血球的攻擊。而氣味最令人作嘔的常是綠色膿液，以及大多數無氧氣參與的厭氧菌感染所產生的膿液。

細菌能成功附著、侵入細胞，就等於找到「儲存庫」，在那裡就能以我們身體的種種資源為食，好好生活、成長與繁殖，並開始定植，隨著細菌釋放毒素而導致中毒，隨後身體組織遭受損傷且生病。

　　講到這裡，膿液甚至還沒出場，但別擔心，正在路上。細菌在生長過程會釋放毒素和破壞性酶，對身體造成損害。而人體內有種特殊的白血球，稱為巨噬細胞（macrophage，可以叫它們「大食怪」：字根 macro 的意思是「大」，phage 則是「吞食者」）。它們不斷巡邏，尋找有害細菌、癌細胞和任何其他有害的入侵者，若偶然發現它們時，就將它們吞噬吃掉，真是狠角色。這些巨噬細胞還會釋放化學物質，幾分鐘內就把其他類型的白血球吸引過來，其中大部分是嗜中性白血球，它們富含蛋白質，可以利用酶來消化細菌和真菌*。雖然這些都是在微觀層面上發生的，但你的身體可以感覺也看得到發炎症狀：腫脹、發紅、疼痛、發熱和功能喪失一同發生，這些都是防禦過程的一部分。

　　膿液終於現身了。**嗜中性白血球綜合使用三種方法對付有害細菌：它們會形成纖維網來捕獲病原體，它們滲出各種抗菌毒素，還有，最引人注目的是，它們吞噬細菌，將其吃掉。**一旦嗜中性白血球的酶全部用完，就完成自己與生俱來的使命而後死去。當濃度夠高時，鞠躬盡瘁的嗜中性白血球呈湯汁狀，化為一團富含蛋白質的死細胞，我們稱之為膿液。

---

*　如果你快速搜尋，保證會花一整個下午，開心地觀看嗜中性白血球吞噬細菌和真菌的影片，精采絕倫。

2.08 口水

你每天從唾腺中分泌出約一・五公升（二・六品脫）的唾液，一輩子產生約四萬公升唾液，不過其中大部分都是回收再利用。唾腺遍布整個口腔，但主要集中在兩側的三對塊狀區域中。奇怪的是，每一對產生的唾液類型都不同。下巴後方、耳朵前面的腮腺產生 25% 的唾液，是一種水汪汪、不帶黏性的唾液。舌下腺在舌頭前端下方，只占唾液總量的 5%，但比較膿稠、豐厚，黏性較強。絕大部分的唾液（70%）來自舌頭後半部下方的頜下腺，這裡產生的唾液包括上述兩種類型。

唾液中 99% 是水 *，有助於滋潤及稀釋口腔中的食物。它還含有少量溶解後的無機離子與有機成分（主要是蛋白質），以及功效強大的酶，如澱粉酶和唾液澱粉酶，這些會在你的嘴裡對食物進行化學分解。

除了讓消化過程在口腔中開始啟動外，唾液對保持牙齒健康也有助益，且能溶解食物中的某些物質，讓你能品嘗其滋味。它含有溶菌酶和乳鐵蛋白等殺菌物質，以及一種名為脂酶的脂肪分解酶。它還能使您漂亮小嘴的嬌嫩表面保持溼潤柔軟，並為牙齒裹上一層稠稠的黏蛋白薄膜，讓你能流暢地說話、咀嚼和吞嚥。

---

* 所有小學生都知道吐口水比賽必勝的終極奧義，就是將水水的唾液和一大坨鼻涕混在一起，讓你的飛沫噴彈帶有一點分量。

實驗一

唾液小學堂

這是一個有趣的實驗，可以用來證明唾液中澱粉酶的功效。取一些博德即溶卡士達粉（Bird's Instant Custard）用熱開水沖泡（是的，一定要用博德牌，沒錯，必須是即溶的），冷卻三十分鐘。取兩個相同的玻璃杯，每個玻璃杯中放入約五十毫升（一‧八液量盎司）已冷卻凝固的卡士達奶凍。再往其中一個玻璃杯裡好好吐約十口唾液（不想自己來的話，可以請朋友幫忙）後再攪拌。另一個玻璃杯裡加入約一茶匙的水（基本上與你吐進前一個玻璃杯的口水體積相同），這是你的對照組，也要加以攪拌。將一塊砧板或盤子以四十五度角傾斜擺放在水槽中，拿起兩杯卡士達奶凍，將它們都倒在傾斜的板子上，你應該看得出來，其中有唾液的卡士達奶凍變得稀薄且容易流動，而加水的卡士達奶凍仍然很黏稠。這是因為唾液中的澱粉酶分解了複雜的玉米澱粉分子，正是這些玉米澱粉分子使卡士達奶凍變得黏稠。做完實驗後也許不要把碗舔乾淨比較好。

如果這對你來說太噁心，就吃塊馬鈴薯吧！如果你嚼的時間夠久，唾液中的酶會慢慢將複雜的碳水化合物分解成較單純的糖分，你的舌頭可以嘗得出來，基本上就是馬鈴薯開始變甜了。

2.09 血液

　　一般人體內有五・五公升（九・七品脫）血液在晃動——每一公斤（二・二磅）體重約有七十毫升（二・五液量盎司）左右。儘管血液是複雜的多成分混合物，但主要可以分為兩部分：血漿液（55%），其主成分是水，以及細胞（45%）——主要是紅血球，外加一小部分白血球和血小板。血液在動脈、靜脈和毛細血管（微血管）組成的龐大網絡中四處流動，如果將這些血管一段段首尾相連，總長可達四萬到十萬公里（二萬五千到六萬二千英里）。**你的心跳頻率比每秒一次快一點點，加起來每天心臟搏動十萬次**，運送六千二百公升（一萬一千品脫）的血液通過你的循環系統。

血漿 —— 55%

　　這是血液的液體基礎原料，其他成分都懸浮在其中。可將它想像成在身體到處跑、運送貨物的卡車。血漿呈淡黃色，其中92%是水，再加上鹽類、食物中的營養物質（如氨基酸、葡萄糖和脂肪酸）、二氧化碳、乳酸和富含氮的尿素、激素和各種蛋白質。

紅血球 —— 40% 到 45%

　　你有約二百五十億顆紅血球——每一立方公釐（〇・〇〇〇〇六立方英寸）血液中有二千萬個——而且每顆紅血球都充滿精巧可

攜氧的血紅蛋白。你的身體每天會產生二百四十萬個新細胞，每個新細胞都需要一週才能在骨髓中形成，然後才到脾臟裡進行編整。紅血球可以存活三到四個月，在循環系統中移動超過一百六十公里（一百英里），並將氧氣從肺部輸送到各種組織。一旦它們在機械般持續循環運行的操勞中耗損衰疲，結構稍微發生變化，身為清道夫的巨噬細胞便會將它們找出來吃掉。

白血球 —— 1%

雖然僅占血液的 1%，但白血球是免疫系統（人體抵禦入侵生物體的主要防禦機制）的重要組成分子。它們不眠不休，在你體內的大小巷道裡巡邏，搜尋致病的不法分子，將無止盡的侵襲給擊退，而這些戰役你幾乎渾然不知。白血球分為兩大類：吃食者（噬菌）細胞和非吃食者（非噬菌）細胞。**噬菌細胞無法靠眼睛和耳朵找尋目標，而是被化學訊號吸引到感染區域，這個過程稱為趨化作用（chemotaxis），被它們找到的外來蛋白質種類出奇地多，可能高達一百萬種。**

血小板 —— 低於 1%

血小板（凝血細胞）是血液凝固工具，它們集合在血管破裂部位，凝聚在一起，形成一個臨時栓塞，並啟動一連串反應，名為「凝血級聯反應」（coagulation cascade），這個流程使身體能夠修補自己並自行癒合（見第 38 頁）。

血液小學堂

身體深處的動脈中汩汩流動的是鮮紅色的含氧動脈血,而靜脈則靠近皮膚表面,裡面流動的靜脈血富含二氧化碳,看起來是藍色的(看看你的手腕,應該就能明白)。但令人有點困擾的是,它實際上不是藍色。實情是,血液反射的長波長紅光都被皮膚大量吸收了,因此皮膚表面看起來呈現藍色。

血液一般嘗起來蠻濃郁可口(因為有蛋白質),溶解在其中的葡萄糖有些甜味,各種鹽類會帶來一點鹹味。

2.10 痂

痂是分泌物（exudate，意為「滲流出來的東西」）的鬆脆混合物，由纖維蛋白（一種凝血蛋白）、化為膿的死亡白血球和血清（所有凝血部分都去除之後的血漿）組成。傷口癒合是脆弱、複雜且仍充滿謎團的過程，而結痂是其中微小而美味的重要環節。人體有大量用來阻止外界侵入的工具，而切割傷對這些系統來說是一種嚴重的破壞。這就是為什麼**免疫系統會投入大量精力來修復傷口，並且建立一道屏障，阻隔你和你周圍髒得渾然天成、蟲子自由自在的環境**。這個過程的主要階段是凝血（血液堵住切割破口並開始變乾結痂）、發炎、組織生長和重塑。

皮膚一被切開，血小板就會聚集過來，它們在鈣、維生素 K 和纖維蛋白原的幫助下，開始形成一個臨時的塞子，可凝聚血液並阻止其流動。當纖維蛋白原感知到空氣時，它們會分裂，形成纖維蛋白絲，織出網狀結構來捕捉更多血液細胞，最終血液細胞乾涸形成結痂覆蓋物，阻止更多細菌進入。在這灘黏糊糊玩意兒的下方，與入侵者的戰鬥還繼續進行著，專門吃微生物、名為巨噬細胞的白血球會將細菌細胞吃掉，直到它們自己耗盡酶死亡。數百萬個這樣的死亡白血球混成湯汁，就是所謂的膿液（見第 28 頁），它可以在痂下隱藏一段時間。

痂的小學堂

我非常享受啃咬痂這件事，我感興趣的不是味道（它們確實有肉味，是富含蛋白質的味道），更重要的是，我吃它們時，能獲得奇怪的成就感。然而，摘掉結痂不是個好主意，因為會讓更多細菌進入，使身體容易受到外界的影響，迫使癒合過程重新來過。如果摳掉痂皮變成一種習慣，也可被視為一種強迫症，類似食皮癖（dermatophagia）——啃咬並吃下手和手指上的皮膚（實不相瞞，我也熱衷此道，見第124頁）。

2.11 汗水

你全身約有二百五十萬個小汗腺 *（見第 141 頁），其中約一半位於背部和胸部，但手掌和腳底的汗腺集中密度最高，每平方公分（〇‧一六平方英寸）有六百到七百個汗腺。**天氣寒冷時，你每天產生約五百三十五毫升（十八液量盎司）的汗液** —— 女性平均產生四百二十毫升（十四液量盎司），男性一般則產生六百五十毫升（二十二液量盎司）—— 但在炎熱天氣下和運動過程中，這個數字會上升至十到十四公升（十八到二十五品脫），很嚇人吧。

汗液本身是一種帶有鹽分、酸性而無味的水，含有微量的礦物質、乳酸和富含氮的尿素。人體產生汗是為了替自己降溫，但汗如泉湧的情況在哺乳動物中很少見 —— 馬是唯一一種出汗能如此澎湃的動物。愈熱，汗水流得愈快，也愈鹹。這種鹽分流失的狀況有其潛在危險，因為身體需要維持特定的鹽度水平。

要理解為什麼汗水如此重要，就需要了解體內平衡的概念。這是身體的自我調節系統，可以使人體機器的不同部分全都以正確的速度、在適當的平衡狀態下運作，進而維持生存的活力。這包括控制多種礦物質、鹽和液體的濃度水平，以及調整血液酸度、血壓和體溫。保持舒適不是唯一重點：你的身體目前有數百種不同的化學反應正在發生，這些反應必須在合適的溫度下進

---

* 大汗腺數量就少很多，一般位於較私密的地方，例如腋窩、乳頭、鼻子和生殖器。

汗液小學堂

身體自我調節溫度的能力可能會嚇到你，它勞累忙個不停，就為了將你的體溫保持在攝氏三十七度（華氏九十八·六度），不過在一天中不同時間略有變化，差個一、二度也很正常（通常起床前兩小時體溫最低）。當你生病時，體溫也會發生變化，但通常不會太劇烈——否則麻煩就大了。例如，攝氏四十度（華氏一百零四度）看似不過比正常體溫高幾度，但除非這溫度能盡快下降，否則就會體溫過高，這可是攸關性命的情況。體溫達到攝氏四十一·五度（華氏一百零六·七度）甚至更高就是急需醫療介入的嚴重情況了。同樣，光是比正常體溫（就是不僅在睡覺時）低一、二度就意味著體溫過低。外出請當心啊！

行，因為環境愈暖和，化學反應愈快。如果身體太熱，這些反應就會太快，你很快就會掛掉。要是你體溫太低，化學反應發生得太慢，同樣很快就能讓你死翹翹。

　　但出汗到底如何幫助我們冷卻呢？答案是蒸發冷卻的奇妙物理現象。汗腺分泌帶有鹽分的水，滲流到你的皮膚上，水會在吸收大量的身體熱量後化為水蒸氣。然後這種蒸氣飄走，帶走所有的熱能，讓你感覺較涼爽。

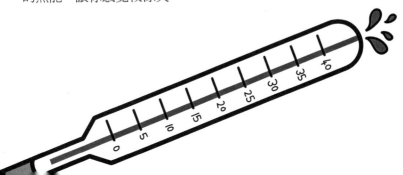

2.12 淚水

眼淚分為三種：做為「打底」薄層的基礎淚液會不斷產生，以保持眼睛溼潤，保護其表面；而分泌反射性淚液是為了清潔眼睛裡的異物，如砂礫或煙霧；**情緒性淚液則是心因性產物（它們的成因是心理層面），仍是科學沒把握解釋的神祕之物。**

眼淚的確切成分多多少少得視它們的種類而定，但基本成分都是三種腺體的分泌產物組合而成。淚腺位於眼角上方，距離鼻子最遠，會產生主要的淚膜 —— 一種具有防護功能的精巧水溶液，含有鹽分電解質、抗體、殺菌溶菌酶等。沿著眼瞼邊緣有五十多個瞼板腺，它們會產生瞼脂，這是一種富含蛋白質的油性蠟狀物質，可以防止淚膜乾掉，維持其水潤。最後，眼睛的杯狀細胞會滲出黏蛋白糊，使淚液變稠，敷在眼睛上形成漂亮的塗層。有趣的是，和基礎或反射性淚液比起來，情緒性淚液似乎含有更多以蛋白質為基本成分的激素，但原因尚不清楚，而且一般來說，哭泣這種行為似乎不具備任何演化生存優勢。

仔細想想，你產生的鼻涕、汗水和唾液量有多大，相較之下，眼淚的量真是出奇地少 —— 正常情況下一天只有一毫升（○‧○四液量盎司，除非你一整天哭個不停）—— 這些眼淚會透過眨眼散布。**你每天眨眼約一萬六千次（每分鐘約十五到二十次），每次眨眼持續耗時一百到四百毫秒，至於為何如此頻繁眨眼，這就讓人想不透了。**人類眨眼的頻率遠超過保持眼睛溼潤所需的次數。當巨大聲響或異物入侵導致反射性眨眼，人

體為了保護眼睛就會出動最快的肌肉，這是一種稱為眼輪匝肌（orbicularis oculi）的括約肌，能使您的眼瞼每年眨眼四百萬到七百萬次。

淚液小學堂

為什麼洋蔥會讓你流淚？當你下刀切開洋蔥，同時也切開數千顆細胞，它們會釋放酶做為防禦機制。這些物質分解後，有一系列化學反應發生，產生順式－丙硫醛－S－氧化物（Syn-propanethial-S-oxide），這種液體會迅速蒸散到空氣中，蒸氣到達你的眼睛後，會刺激淚腺，產生大量水汪汪的眼淚來將它沖走。很多人都曾提出對策，想預防這種「症頭」，但其中大部分都一點效果也沒有。要防止自己切洋蔥時哭泣，唯一方法是在水中切，當然，這更有可能讓你連手指也一起切掉。

2.13 眼屎

小時候，媽媽常叫我把眼睛裡的「睡眠」擦掉，我一直認為這樣稱呼眼屎雖然很怪，但畢竟是從自己眼底冒出來，還滿有詩意的。這種物質本身應稱為眼部黏膜分泌物，許多方面都和鼻涕十分相似——它是一種滑溜的水質黏液，由眼瞼內層和眼白中的腺體產生，還含有抗菌酶、偵測病毒的免疫球蛋白，以及鹽分和醣蛋白。它們溶解在水中，並透過黏蛋白儲存在黏稠凝膠中。關於黏蛋白，我們在談鼻涕的部分已經提過（見第17頁）。黏膜分泌物是一種神奇的東西——可以讓你的眼睛保持溼潤健康，有助於阻止感染，空氣中的任何灰塵和細菌微粒，只要落在眼球上，它都能捕獲。

在你清醒時，眼睛的黏膜分泌物會不斷產生；但每次眨眼時，也會不斷隨著眼淚（以及困在其中的任何髒汙）一起被沖走。所有這些被沖走的東西都通過鼻淚管（nasolacrimal duct，字根 naso 的意思是鼻子，lacrimal 則是眼淚）這條微小通道排入鼻子，被添加到不斷流經鼻腔的鼻涕中。**是真的喔，有一部分鼻涕來自你的眼球！**

但為什麼眼屎會乾乾脆脆？為什麼只有睡著時會產生眼屎？好吧，人睡著時，眼淚的分泌速度會變慢，所以黏膜分泌物不會被沖走。其中有些會從眼睛裡滲出，通常會流進眼瞼角落，會在那裡變乾，化為漂亮的淺色脆脆碎屑。我超喜歡吃鼻屎（當然為了健康考量，呵呵），但對於眼屎，我一般還是摳下彈掉。親愛

的讀者，不用懷疑，為了能夠向您報告，我品嘗過它們，但遺憾的是，除了有一點鹹，其實沒什麼味道。

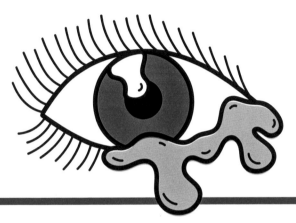

眼屎小學堂

當眼屎遠多於正常量，卡在你的睫毛裡（不是在眼瞼角落），或者顏色不尋常時，眼屎才會造成問題。後者可能意味著有膿液混進去，而黏膜分泌物中含有膿液時，情況就完全不同了，它有了全新的名字：黏液膿性分泌物。通常表示你得了結膜炎，這是一種常見的感染，會使眼睛發紅、發炎和發癢。偶爾早上起床的時候分泌物會很多，甚至黏得連眼睛都要睜不開，這感覺真的很奇怪，不過用溫水洗一洗，通常就能解決問題。

2.14 腳垢起司

腳上滿布著許多汗腺，它們分泌汗水滲入襪子，創造一個緊密包裹、溫暖潮溼且含有鹽分的陰暗環境 —— 這幾乎是讓細菌快速生長的理想組合。惡臭細菌和死皮細胞的混合物相當難聞，如果夠幸運，再加上黴菌滋生問題，就會變得像布爾桑起司一樣，可以用堅硬的指甲把它從腳趾間刮下來，這就得到了腳垢起司，要叫它腳趾果醬也行，你喜歡就好。除了死皮和數以百萬計的細菌和真菌外，裡面還含有油脂、汗漬和襪子絨毛。

　　腳臭的醫學術語是臭腳症（bromodosis），最常見於青少年和孕婦，他們可能正值荷爾蒙變化的時期，容易出汗。好消息是它不太可能對你造成傷害，但如果你的皮膚破損有傷口，或許會升級為細菌感染。

　　大多數生活在皮膚上的微生物對我們無害 —— 事實上許多微生物是有益的 —— 而皮膚上的氣味來自有機酸和（臭名昭彰的）硫醇，其中硫醇是微生物生存的副產品。這裡有許多不同的風味揮發物大展身手，**起司的氣味通常來自異戊酸（瑞士起司也含有這成分）**，以及腳和優質起司上都能發現的某些細菌。不同的細菌喜歡身體的不同部位，對腳趾情有獨鍾的大多是棒狀桿菌、微球菌和葡萄球菌（它們都喜歡你微酸性的腳汗）。這些菌與各種酵母菌和皮癬真菌結合在一起。腳趾甲中大約有六十種真菌，腳趾間有四十種，腳後跟則多達八十種。

2.15 舌垢

舌垢是舌頭上的漿液，如果用前排牙齒或刮片用力耙，就可以取得。它是唾液、死細胞、食物和飲料殘留物，還混合細菌和細菌廢物，這些細菌喜歡口腔中黑暗且又溼又潮的環境。**關於這種東西，每個人都有自己專屬的版本，不太可能危害人體，但刮舌頭對健康有益，尤其對有口腔異味問題（即口臭，見第 144 頁）的人，這點已有充分的證據支持。**比利時的一項研究發現，刮擦舌頭可以改善味覺；美國有研究指出，這麼做能減少已知會導致蛀牙和口臭的細菌；二〇〇四年，發表在《牙周病學期刊》（Journal of Periodontology）上的一項研究則表示，若要對付那些常導致口臭的揮發性硫化合物，刮舌器比牙刷更有效。

第三章
尷尬的聲音

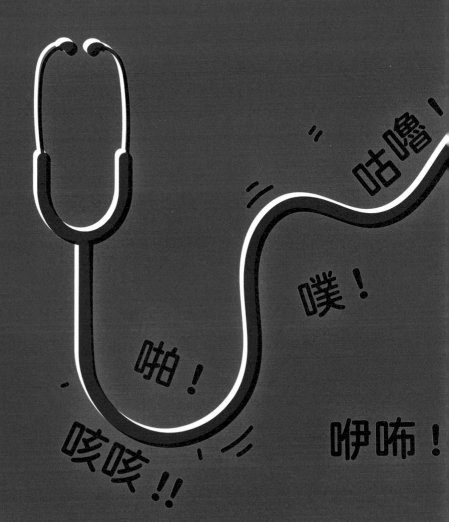

3.01 你的身體靜不下來

從聽診中可以學到很多東西，這種聆聽身體的技術必須使用聽診器（法國人勒內・拉埃內克〔René Laennec〕於一八一六年發明的設備——他手上的初代聽診器非常簡潔優雅：一張捲起的紙）。醫生常會聽的主要是那些不斷運動的器官：肺臟（從不停止呼吸）、心臟（從不停止泵送血液）和消化道（不間斷地蠕動翻攪食物——還有其他各種擠壓和噴射的動作）。

3.02 打嗝

打嗝是胃和食道釋放氣體，雖然排氣量不大，但還是不符合社交禮儀。許多哺乳動物都會打嗝，尤其是牛、羊等反芻動物，會嗝出大量甲烷及其他氣體。**人類打嗝最大聲的金氏世界紀錄是一百一十二・四分貝，由內維爾・夏普（Neville Sharp）於二〇二一年七月二十九日在澳洲的達爾文市締造**。真有你的，內維爾。

　　打嗝通常是由於進食或飲水時吞嚥空氣，或飲用溶有大量二氧化碳的碳酸飲料，其中一些二氧化碳是在吞嚥後才變成氣體。當氣體在胃中累積，它們會向上漂浮並壓迫胃食道括約肌 ── 胃頂部的閥門。最終，括約肌會打開足以釋放一股空氣的小小開口，空氣上升使喉嚨和括約肌本身振動，就像放屁一樣（見第56頁）！有種消化不良藥片會讓你打嗝，這是一種抗酸劑 ──通常含有鹼性碳酸鈣，它會與你的酸性胃液混融互動，進而發生酸鹼反應，產生二氧化碳氣體。嚼口香糖會使你比平時吞下更多空氣，也可能導致打嗝次數增加。

　　打嗝，就像放屁一樣，是十分正常的生理機制，卻由於某些奇怪的原因被視為粗鄙無文。天知道為什麼 ── 打嗝對於人類是必需的，腸道壓力可藉由它釋放，要不然的話，身體會很不好受或受到損傷。

打嗝小學堂

少數人無法打嗝,他們會出現腹痛和腹脹的問題。年幼的嬰兒經常肚子痛,這是因為在餵食過程中吞嚥太多空氣。脹氣的寶寶會大聲尖叫,拍嗝技術好的父母能安然度過。打嗝和打噎有可能同時發生,那會很不舒服。打噎時,橫膈膜一陣陣痙攣將空氣吸入肺部,同時打嗝氣體又向上進入食道,聲門和聲帶的壓力會急劇增加,那真的非常痛。這種情形最好避免。

3.03 打嗝

打嗝行為在生物進化上有何意義？沒人知道。它沒帶給我們任何生理上的優勢，但我們每個人都曾打嗝，這實在沒道理。喝汽水、吃得太快或太多都會引發打嗝，嬰兒甚至會在子宮內打嗝。我只要吃一口出乎意料的辛辣食物後就會開始打嗝。

打嗝現象（更正式的名稱為呃逆）一種自主神經反射弧：這是一連串不由自主的行為，它們自動發生，你的大腦不需處理關於它們的資訊。這些自動反應發生得很快，就像是退縮反射——當你接觸到很燙的東西會猛地將手抽離。缺點是你幾乎無法控制，這就是為什麼打嗝很難中止。

打嗝的機制很簡單：一旦動作被觸發，橫膈膜就會不自覺快速收縮，因而打開肺部並吸入空氣。接著，三十五毫秒後，聲帶關閉，阻斷氣流並發出我們熟知的「呃噗」聲。同時，你的上半身會抽搐或震顫——通常是肩膀、腹部和／或喉嚨。

關於打嗝如何幫助生物生存繁衍有不少有趣的解釋，其中一項是打嗝反射假說，這是一個比較可信的說法，二○一二年，發表在《生物論文》期刊（*BioEssays*）上。這個想法認為，打嗝能幫助哺乳期的嬰兒盡可能多喝奶。嬰兒常在喝奶的同時吞嚥空氣，這些空氣會占據胃部寶貴的空間。當胃裡的受器感知到空氣，神經系統會促使呼吸道打嗝，產生真空狀態，以這種類似打嗝的形式將空氣吸出胃部。成人打嗝只是這種嬰兒期反射行為的餘響，但該理論的發表者自己也承認：「目前這項假設還沒有

！咿咘！

任何佐證……」還有另一種理論認為，打嗝與蝌蚪的呼吸機制有關，這就讓人覺得想像力太奔放了。

人們處理打嗝的對策五花八門，從民俗療法的花式怪招，到針對嚴重頑固性打嗝（持續打嗝超過一個月）的侵入式手術都有。**有一種方法在幾個臨床案例成功中止打嗝，這有趣的方法就是直腸指壓按摩，又可稱為「在你屁眼裡戳弄手指」。沒想到有這招吧？**

打嗝小學堂

史上最頑強的打嗝發生在美國人查爾斯・奧斯本（Charles Osbourne）身上，他打嗝整整六十八年，打嗝次數估計達四・三億次。這場打嗝始於某次他試圖舉起一頭非常重的豬，一直持續到一九九〇年二月，也就是他去世的前一年才停下來，原因不明。超級扯，對吧？

3.04 打噴嚏

打噴嚏，也稱為噴嚏反射（sternutation），是半自主的行為：就像眨眼和呼吸一樣，你無法完全控制它。這是透過鼻子和嘴巴猛烈排出空氣，目的是清除異物，通常是在鼻腔黏膜遭遇物理或化學刺激時所做的反應。其他可能觸發噴嚏的刺激包括呼吸冷空氣、吃蘋果、生病、暴飲暴食、性興奮和直視光線＊。

當你打噴嚏時，喉嚨中的構造機制會改變形狀，在鼻子後面的部分產生真空狀態，吸出散逸的汁液，同時去除一些表面黏液。這些汁液可以毫無滯礙地產生四萬滴黏液、唾液和各種霧化顆粒。

打噴嚏的衝動是如何被引起的呢？當微生物或細屑穿過鼻毛，到達鼻黏膜時，會觸發組織胺的釋放，組織胺刺激黏膜下方的神經細胞，然後向大腦發出打噴嚏的訊號。**噴嚏射出的羽狀氣流最遠可達八公尺（二十六英尺）**，因此任何具有傳染性的氣溶膠飛沫都很容易傳播疾病。

＊　這是一九五〇年代的一位法國研究人員首次發現，他意識到自己將檢眼鏡／眼底鏡（ophthalmoscope）對著患者的眼睛照射時，有些人會打噴嚏。這被稱為光敏性噴嚏反射，雖然它已經被徹底研究過（就一種不是特別危險的症狀來說，投注這麼多心力也滿怪的），但沒有人知道它發生的確切原因。

噴嚏小學堂

通常睡眠中無法打噴嚏，因為此時身體進入一種伴隨快速眼球運動的鬆弛狀態：幾乎完全癱瘓，相當明顯，運動神經元（控制肌肉和腺體）會處於超極化狀態（hyperpolarized）*，因此需要更強的刺激才能激發它們。當你醒著時，不要強忍著不打噴嚏，因為這會在呼吸系統中產生高壓，進而使身體組織破裂。打噴嚏感覺很好，一部分是因為身體隨後會釋放腦內啡，一部分是因為體內任何壓力的釋放都會讓人感覺舒服。

---

* 神經細胞膜的一種生理狀態。

3.05 屁

你每天會放十到十五次屁，產生約一‧五公升（二‧六品脫）的氣體，這些氣體主要由生活在腸道中的三十九到一百兆隻微生物產生。如果這聽起來像是一派胡言，請記住，其中許多屁可能是在你睡覺或上廁所時蹦出來。很多人都對放屁感到尷尬，甚至我也不得不承認放屁得看時機、場合。但屁氣也是消化系統的重要組成部分，所以對它們感到如此緊張不安似乎很不合理。**不放屁的話，你就會爆炸耶**——嗯，嚴格來說，在那之前會先發生一些其他令人反感的事情，包括氣體被迫以錯誤的方式通過你的消化系統，給你帶來難以忍受的痛苦，然後讓你用嘴巴噴屁。沒有人想要那樣，所以權衡一下利弊，最好別討厭放屁。我非常喜歡屁，所以寫了《一顆屁的科學》（*Fartology*），這本書介紹了放屁現象背後非比尋常的化學、物理和生物學知識。

　　屁氣有 25% 是吞嚥空氣和體內擴散回到消化系統的氣體混合而成，其他 75% 是由腸道本身產生的：是二氧化碳、氫氣、氮氣的混合物，偶爾還有甲烷，再加上少量的氣味揮發物，使您的屁風味獨具。一般而言，纖維食物（主要是水果和蔬菜）被結腸中的細菌分解後，會增加放屁排氣量，而屁的氣味則來自蛋白質（蛋、肉、魚、豆類、堅果），這主要由小腸中的酶分解。

並非所有屁都相同，女性放屁的威力通常比較大。雖然男性產生的氣體總體上比女性多，但一九九八年發表在學術期刊《腸子》（*Gut*）上的一項研究發現，女性的屁往往更臭。這是因為她們的微生物組（microbiome，見第 127 頁）所含的細菌更有可能在分解食物時產生雞蛋味硫化氫。女性的腸道也可能含有更多產生甲烷的甲烷桿菌，這意味著 60% 的女性放屁會排出甲烷，而男性只有 40%。因此，女性的屁更容易點燃。

比較臭的屁中可以發現一種風味揮發物，一種氣味強烈的硫醇，甲硫醇，天然氣公司會將這種物質添加到家用瓦斯中，好幫助你及早注意到瓦斯外洩。甲烷幾乎沒有氣味，因此很難知道天然氣管線是否漏氣，但被添加到其中的甲硫醇腐臭味非常重，即使濃度低得驚人，還是能聞到它的味道。天然氣正常燃燒時，甲硫醇會被破壞且沒有氣味，但是，天然氣公司在你的房子裡放屁這件事確鑿無疑，我想想還是很開心。

有些屁比較火熱？

這完全取決於新陳代謝過程：有機物細胞中的一系列化學變化，這些變化將燃料轉化供身體使用並重組為新成分。當細菌藉由醣酵解（glycolysis）將燃料轉化時，葡萄糖被分解代謝（拆解）為丙酮酸，然後丙酮酸進一步分解，這個反應會釋放大量熱量──因此熱屁就來了。

當有利於食物全速進行新陳代謝的條件一應俱全時，你往往就會放出又熱又臭的屁：也就是說，當你的腸道細菌有大量燃料可用（吃了很多膳食纖維）；當你的腸道充滿活性細菌，可能是

因為它長期接收纖維，可能是因為吃了很多益生菌；當你的腸道處於絕佳運作狀態，例如，內部的熱量和酸鹼值都剛剛好。這種情況下，放屁量和氣味都應該會達到頂級水準。這時候只要盡情享受，暢快噴發。

屁氣小學堂

製造各種氣味的屁氣主要成分：

1. 硫化氫　　　　　　臭掉的雞蛋
2. 硫氫甲烷　　　　　爛掉的高麗菜
3. 三甲基胺　　　　　生魚肉
4. 硫代丁酸甲酯　　　起司
5. 糞臭素　　　　　　貓屎
6. 吲哚　　　　　　　花香加狗屎
7. 二甲硫醚　　　　　高麗菜
8. 硫醇　　　　　　　雞蛋

屁之聲學

聲音來自於產生一系列壓力波的振動。只有當聲波頻率介於每秒二十次的重低音（二十赫茲）和每秒二萬次的極高音（二十千赫茲）之間，人類才聽得到這些壓力波。因此，一顆屁要被聽見，所產生的振動頻率必定在此範圍內。那個震動產生器就是你的肛門——說得更明確點是你的直腸外開口，由肛門內括約肌與肛門外括約肌這兩組環形肌肉牢牢控制著。

隨著屁氣在你的直腸（氣體與糞便儲存槽）中累積，壓力隨之增加，你會感覺到屁意或便意，因為有一組輕巧細微的力學感受器會向大腦發送訊息（它們甚至可以區分放屁和便便）。當你決定放鬆外括約肌時（內括約肌是你無法控制的），受擠壓的氣體就能衝開一個小漏洞，穿過肛門。

但為什麼屁氣釋放時肛門會振動，發出那要命的呸呸氣音呢？好吧，這全都與壓力和摩擦有關。打開一點縫隙會讓屁出來，但氣體一移動，它也在屁流過的同時將肛門括約肌往回吸。有一部分是因為流速快使壓力降低，部分是因為放屁時，氣流沿著括約肌周圍轉彎繞出，還有部分是因為一旦有洞打開，直腸中的壓力就會稍微下降，因此洞會短暫關閉，但幾乎在關閉的同時，壓力又多了一些，再度把洞推開，降低壓力後又關上。如此不斷反覆，直到壓力完全釋放不再上升。當這打開又關上的重複動作速度達到每秒二十次以上——恭喜中獎！你在聽覺範圍內製造出一串壓力波，成功獲得一顆屁了！

屁噴射時，縮緊或鬆開括約肌也能讓你改變屁的響聲——將屁眼擠得愈緊，音調應該就愈高，因為這樣做是增加直腸裡的氣體壓力，而括約肌愈緊，孔洞愈小，振動就愈快。

實驗二

如何用罐子盛裝你的屁？

不管你是為了將屁獨立存放好進行深入研究，或者只是因為好玩搞笑，把屁氣裝到罐子裡並不難。放一缸洗澡水，不要添加任何浴鹽或泡沫肥皂，可能會使味道改變，讓自己和罐子一起浸入水中。將整個罐子都放到水底下，等它裝滿水後將它倒置，放在肛門上方。痛快放屁，你會發現氣體向上漂浮，並將與它體積相等的水量排擠出罐子（由於阿基米德的浮力物理定律），然後你就可以蓋上蓋子了。將罐子倒過來，同學，這就是你的屁，漂浮在罐子裡剩下的水上方。提醒你一句：趕快將蒐集到的屁用一用，不要放太久，因為那些氣味揮發物，你應該也知道，就容易揮發嘛。它們不太可能長時間完好無損，也許會氧化或與其他氣體和水發生反應，失去它們的特性與魅力。

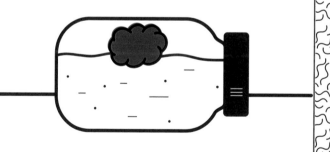

3.06 咳嗽

咳嗽是一種巧妙的流體動力學機制，目的是為了清除呼吸道中的痰、刺激物和異物顆粒，而且流程順序很明確。首先，將空氣深深吸入肺部。然後聲門（聲帶之間的開口）關閉，聲帶頓時緊閉。橫膈膜放鬆，腹部緊繃，迫使肺部對聲帶產生氣壓，最後聲門再次打開，讓空氣得以猛烈排出，將不需要的物質帶出喉嚨（最好是帶進等著它們的紙巾裡）。

咳嗽不好嗎？嗯，氣流的破壞力或許不能小覷，大概只需幾次咳嗽就能使你脆弱的喉嚨組織發炎疼痛。咳嗽還會迫使帶有微生物的一滴滴痰液和唾液霧化，在空氣中飄移驚人的距離，將病毒和細菌傳播給他人。雖然咳嗽有助於清潔呼吸道，但也可能是呼吸道感染的徵兆，例如流感、支氣管炎、新冠肺炎或肺結核。

另一種類型的咳嗽是難以理解的心因性咳嗽或抽搐咳嗽，也稱為軀體化咳嗽症候群（somatic cough syndrome）。**許多人只是習慣咳嗽，而非由於生理問題，但原因尚不清楚。**軀體化是指將心理困擾轉化為身體症狀，但研究者對其成因或診斷標準幾乎沒有共識。

咳嗽小學堂

儘管我們已經有大量可用的咳嗽藥，但令人驚訝的是，經過證實有用的咳嗽解方少之又少，止咳藥的效果似乎微乎其微。在美國和加拿大，醫界不建議六歲及其以下的兒童服用止咳藥。醫學研究慈善機構考科藍（Cochrane）在二〇一四年發表的一項評論得出結論：「針對非處方（OTC, over the counter）藥物治療急性咳嗽的效能沒有充分的證據可予以支持或反駁」。英國國民保健署（NHS）明確表示，止咳糖漿、藥物和糖果「不能使你停止咳嗽」，「減充血劑（decongestant）與含有可待因（codeine）的止咳藥不會使你停止咳嗽」。儘管如此，光是在英國，每年就有超過五億英鎊花在購買咳嗽和感冒的非處方藥。當然，我們都想讓咳嗽停止，幫助我們所愛的人感覺好些，為了解決這個問題非常樂意砸錢，不過請注意，90% 的兒童咳嗽症狀都毋須治療，二十五天後就會消失。只是讓你參考一下。

3.07 笑

研究笑的科學稱為笑理學（gelotology）。人類的溝通工具中，對全體人類都適用的為數不多，笑是其中之一，跨越各種語言和年齡。**人類在十五到十七週大時開始會笑，甚至天生耳聾或失明的孩子也能笑。**雖然黑猩猩、大猩猩和紅毛猩猩等物種會因搔癢、打鬧和追逐等身體刺激而笑，人類卻是唯一沒有身體刺激、僅因情緒體驗就會笑的動物。老鼠會發出類似搔癢的超音波笑聲（交配時也有這種笑聲），狗玩耍時會悸動喘息，海豚彼此打鬧時的聲響類似脈衝波和哨子聲的結合。鬣狗的笑聲不能算是真的笑──那是表達恐懼、興奮或沮喪的方式。

　　人類會因喜悅、尷尬、寬慰、有趣的故事或概念而發笑，也會因酒精和笑氣等藥劑而發笑，笑甚至是一種應對憤怒、沮喪或悲傷的機制。但也許最重要的是，人類將笑做為一種社群紐帶。研究發現，**和獨處時相比，與他人在一起時，大笑的可能性要高三十倍。**人類還會假笑，這是一種禮儀，用來表示同意、承認，或只是表示你聽到、理解另一個人所說的話。

　　與哭泣（見第 160 頁）一樣，笑的意義及其神經機制尚不清楚。儘管如此，我們確實知道笑會促使我們產生腦內啡，腦內啡可以減輕疼痛，讓我們感覺良好，同時還能抑制腎上腺素和皮質醇等壓力荷爾蒙。

發笑小學堂

笑帶給身體的感覺異常戲劇化，它在那當下把持了呼吸、心跳和脈搏等重要功能，並迫使橫膈膜和聲帶有節奏地抽搐。你在大笑時無法正常呼吸，如果有個外星人看你大笑，它必定會為你的健康深感憂慮。人笑到死的事情很罕見，但不是沒有，例如英國金斯林（King's Lynn）的艾力克斯‧米契爾（Alex Mitchell），一九七五年，他在觀賞喜劇節目《英倫三傻》（The Goodies）的〈功夫〉（Kung Fu Kapers）這一集時喪生。他在連續笑了二十五分鐘後，突然心臟衰竭而死。他的遺孀寫信給《英倫三傻》的節目製作團隊，感謝他們讓米契爾人生的最後時刻如此歡樂。

3.08 關節喀喀彈響

我女兒波比扳指節嗶啵響的技術是魔王級的,所以我對關節輾軋(crepitus)瞭如指掌,這個詞的意思就是關節喀喀彈響。這種手法說穿了就是空穴作用:我們關節中形成微小氣泡後破裂。

發出喀喀聲的關節主要是我們手指根部的關節,稱為第三掌指骨(MCP, metacarpophalangeal)關節。這些掌指骨關節的骨骼不停擠壓在一起又拉開,關節內部的滑液裡產生壓力改變。當這種運動使流體中的壓力下降,便會出現小氣泡。同樣的事情也發生在碳酸飲料罐裡——打開它之前,液體處於壓縮狀態下,裡面的二氧化碳氣體在壓力下溶解在飲料中,很自在的樣子,但是當你擰開蓋子,壓力下降,有一些二氧化碳從液體中蒸發,會膨脹並變成氣泡。

所以現在你關節的滑液中漂浮著小氣泡。接下來這部分令人興奮,如果你讓指關節往回掰,就會在同一波液體中增加壓力,隨著壓力增加,小氣泡會再度承受壓力。它們隨時會坍塌並凝結成液體,過程可一點也不緩慢溫和——一些氣泡崩解得非常快,釋放出大量能量並產生衝擊波。關節的爆裂聲就來自聽得見的衝擊波。

有些人無法掰響指關節,因為他們的指關節骨頭之間的縫隙較大,也因此有更多滑液。流體愈多,要產生壓力變化,使氣泡形成並破裂,就愈加困難。

實驗三

罐子裡的衝擊波

指關節中的少量凝縮氣體如何產生衝擊波？這裡簡單示範其背後的物理原理，演示效果絕佳 *。先準備一個鋁製飲料空罐、一個裝滿冷水的大碗、一把耐熱鉗和一口瓦斯爐或露營燃氣爐。將罐子快速沖洗過，倒出大部分的水，在裡面留幾滴水。將盛水的大碗放在瓦斯爐或燃氣爐旁邊的堅固表面上，然後開火。將罐子倒過來，用鉗子緊緊夾著它，開口朝下，在火焰上方烤十秒左右，直到你看到有一點蒸汽從裡面冒出來，慢慢、小心地將非常熱的罐子（仍然垂直倒立）放入水中。罐內的蒸氣會以極快的速度凝結，然後罐子發生內爆，隨著尖銳的「劈啪」爆裂聲，罐子皺縮凹陷。那是從氣體到液體的相變，會產生驚人噪音。這樣看來，指關節能掰得這麼響也不奇怪。

---

* 如果你是一個（非常酷的）孩子（而且我知道孩子和成人一樣對這些實驗感興趣），請找一位大人來協助你進行這項實驗，畢竟這有燒傷的風險。

3.09 肚子咕嚕叫

你的內臟基本上是一條四公尺（十三英尺）長 * 的管子，漂亮迷人且從不休息，攪動食物並推送它們穿過你大半個身體，從嘴巴推到括約肌，主要藉由蠕動的方式，一系列肌肉收縮的動作，像擠牙膏一樣推著食物在管子裡前進。

　　胃腸轆轆響（稱為腹鳴 borborygmus）不是由食物本身的推進運動引起，而是蠕動擠壓胃和小腸的各部分時，氣體與食物、飲料相互作用，混合物被噴出。這些氣體是吞嚥的空氣和人體代謝過程產生的氣體。在小腸中，碳酸氫鈉與胃酸中和時通常會產生二氧化碳，而在大腸中，氣體是細菌分解纖維食物的副產品。

　　咕嚕咕嚕的聲音完全正常，只是聽起來令人有點不安。**只有當聲音與一般情況全然不同或完全停止時才需要擔心。**醫生可以使用聽診器聽聲音，但更令人在意的可能是沒有聲音，這或許意味著發生腸阻塞或正常蠕動功能消失，這兩種情況都非常嚴重。如果你胃部不適真的難以忍受，可以放慢進食速度，減少吞嚥空氣，避免喝碳酸飲料或嚼口香糖，可多少緩解不適。

＊　消化道的長度介於二・七公尺至五公尺（九英尺至十六英尺）之間，不過對其長度的估計差異很大。這部分是因為活人的腸胃道幾乎一直在收縮，因此和用於醫學研究的大體腸胃道相比會較短些，後者是鬆弛的，因此更長。

3.10 打鼾

打鼾是一種普遍現象，57% 的成年男性和 40% 的成年女性
——以及我家裡的每隻哺乳動物，包括倉鼠——都有這種
情況。一九九三年五月二十四日，在瑞典的厄勒布魯（Örebro）
地區醫院裡睡覺時，**凱爾‧沃克（Kåre Walker）締造了九十三
分貝的打鼾最大聲世界紀錄。**打鼾現象很有趣，它是由於懸雍垂
（uvula）*和你口腔後半部上方的軟顎（soft palate）都鬆弛了，
而且喉嚨也一併放鬆。這會導致喉嚨組織阻塞氣道，所造成的障
礙足以產生亂流和振動，就像一面旗幟在風中飄揚。阻塞愈大，
打鼾聲愈大。

　　除了你的自然口腔構造外，打鼾發生的可能原因還有過敏、
體重增加、飲酒、鼻塞、鎮靜劑和不規則的睡姿（尤其是仰臥睡
姿），另外還有睡眠剝奪，這一點既是打鼾的原因，也是它的結
果症狀。其他嚴重的症狀包括行為問題、攻擊性和挫折感、注意
力不集中，以及患高血壓、中風和心臟病的風險提高。

　　阻塞性睡眠呼吸中止症（OSA, obstructive sleep apnea）通常
與打鼾有關，但它是一種更嚴重的疾病，會使睡眠期間反覆出現
呼吸衰竭的情形，而且聽起來往往比打鼾更加劇烈，就好像一個
人快要窒息或正在大口喘氣一樣。會導致各式各樣的健康問題，
從高血壓到代謝功能障礙、肥胖和抑鬱，所以如果你的打鼾真的
很嚴重，還是去看醫生比較好。

---

*　喉嚨後面那顆奇怪的懸垂物，正式名稱為顎懸雍垂（palatine uvula），
　作用是關閉鼻咽，防止食物進入鼻腔。

3.11 嘆息

從對父母的輕微失望到戀愛煩惱的深沉憂鬱，嘆息是能表達各種消極情緒的多功能工具。嘆息可能是對壓力和焦慮的反應，但可能一整天不斷嘆氣而不自覺，而且很奇怪地還不是因為負面原因。**這些自動出現的「基礎嘆息」，每五分鐘左右發生一次，在許多其他哺乳動物身上也能看到。**

　　加州大學洛杉磯分校和史丹佛大學的研究人員曾經做過一項精彩的實驗研究，他們發現，嘆氣是一種重要的反射動作，有助於維持肺部功能。肺部有五億顆微小的氣球狀肺泡，一整天都反覆開啟又閉合，好吸入空氣並將血液中的二氧化碳交換為氧氣。但偶爾會有一些肺泡塌陷，好好地嘆一口氣會讓你吸入比平時多兩倍的空氣，給這些肺泡施加壓力，讓它們重新充氣。有點像對著壓扁的碳酸飲料罐吹氣，使其恢復原狀。這聽起來像是小問題，但經過基因改造後失去嘆息能力的小老鼠，最終都會死於嚴重的肺部問題。

　　嘆息的醫學定義是深呼吸，然後停頓一下，這次停頓稱為嘆氣後呼吸暫停。運動、說話或睡覺後，嘆氣可以穩定和重置呼吸變化。**嘆息太多次會導致驚恐發作，而嘆息太少與嬰兒猝死綜合症（SIDS, Sudden Infant Death Syndrome）有關。**

　　除了其生理功能外，嘆息還可能是一種壓力反應，一種對焦慮、消極和疲倦的反應。但加州大學洛杉磯分校／史丹佛大學研究團隊的成員傑克・費德曼（Jack Feldman）教授說，我們不知

道為什麼會這樣:「嘆息肯定有某部分與情緒狀態相關。例如,
當你感到壓力時,就會更常嘆氣。可能是大腦處理情緒的區域神
經元觸發了嘆息神經肽(sigh neuropeptides)的釋放 —— 但我們
還不太了解。」

第四章
令人作嘔的皮膚

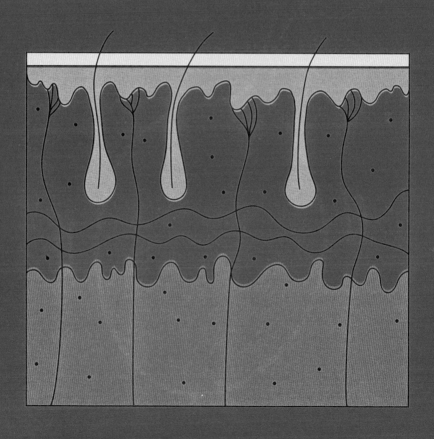

4.01 皮膚的科學

人們常說皮膚是人體最大的器官，表面積約為一・八平方公尺（十九平方英尺）。這麼說不太對，因為光是小腸的表面積就至少比這大上十五倍，甚至還有一些意見在爭論間質*是否更大。若按重量計算，皮膚的重量超過六公斤（十三磅），輕鬆壓垮次重三・五公斤（七・七磅）的腸道。但我們先別再這樣秀器官胡扯了——無論如何，皮膚都是非凡美妙的。

你的皮膚組成可分成許多層（最多可到七層，取決於你將哪些視為一層），總體來說有兩種類型：有毛皮膚和光滑無毛的皮膚。雖然人類是毛髮最少的靈長類動物，但你絕大部分的皮膚都毛茸茸的，少數的無毛皮膚位在你的嘴唇、手指、手掌、乳頭、腳底和生殖器的部分區塊（男性和女性皆如此）。

人體皮膚厚度最薄處為手肘部分的〇・三公釐（〇・〇一英寸），最厚的則是四公釐（〇・一五英寸）的腳底皮膚。由於表皮深處的皮膚細胞定期分裂，皮膚也會處於不斷更新的狀態。隨著皮膚細胞的分裂和繁殖，它們被緩慢推向表面，在移動中將舊的細胞替換掉，最終自行死亡，已死的皮膚細胞充滿堅韌的角蛋白（就是被稱為鱗狀細胞或鱗屑的東西），最後被磨掉或剝落。你可能滿喜歡照鏡子欣賞自己，但你看到的外表其實是個死人：

---

* 間質遍布全身，是有彈性且充滿液體的網絡狀結締組織填充物質，也是淋巴液的主要來源。它具有保護作用，有點像汽車的懸吊系統，身體器官在工作時產生的彎曲和膨脹都由它吸收。

皮膚的最外層（角質層）全是沒有生命的細胞。每小時每一平方公分（〇・一六平方英寸）的皮膚上有五百到三千個細胞脫落，**這意味著你每六十分鐘失去的死皮細胞多達六十萬到一百萬，甚至更多。**你每三十天整面表皮就更換過一次，過程中每年會產生約五百公克（一磅）的人體皮屑。

　　皮膚有很多功能：它每天抵抗碰撞、刮擦和大批微生物侵襲，確保我們體內的生理機制正常運作，也是我們與周遭環境的交流界面，介於我們與世界之間，多孔洞又能抗拒水（但不是完全防水）。它像蛋殼一樣具有半透性，能透過各種腺體分泌出汗液等液體，而經由吸收作用可允許氧氣進入（直徑小於四十奈米的奈米微粒也可以穿透）。這樣的設計有其必要，因為外層皮膚沒有毛細血管可提供含氧血液，所以它們別無選擇，只能從周圍空氣中獲得氧氣。

皮膚小學堂

20% 到 50% 的居家塵埃其實是死掉的皮膚細胞。

有些紋身顏料中含有磁性墨水，因此在進行磁振造影掃描（檢查時你會躺在一塊磁力非常強的巨大磁鐵中）時，紋身的部位可能會感覺刺痛甚至有燒燙感，但這種情況非常罕見。

您每平方公分（〇‧一六平方英寸）的皮膚上住著近十億隻細菌 —— 換句話說，平均一‧八平方公尺（十九平方英尺）的人體面積有一萬六千億隻細菌。

根據金氏世界紀錄，全世界延展性最好的皮膚在加里‧特納（Garry Turner）身上，他可以將腹部皮膚拉長十五‧九公分（六‧三英寸），並將脖子上的皮膚像圍脖一樣拉到嘴巴和鼻子上。儘管如此，他的皺紋非常少。他患有一種罕見的遺傳疾病，稱為埃勒斯－當洛斯症候群（Ehlers-Danlos syndrome），這種疾病會使皮膚、血管和關節薄弱。約每五十萬人中有一人為此所苦，身體的膠原蛋白纖維受其影響，變得「紊亂」，導致皮膚感覺變薄而容易延展。加里比大多數人更容易被割傷和擦傷，而且關節會感覺極度疼痛。

4.02 痘痘

啊，我真不願再想起沒人想吻我的青少年時光，害十幾歲的我與接吻絕緣的那傢伙，青春痘，主要有三種樣貌：漂亮緊實的黑頭粉刺和可怕如膿皰的白頭粉刺，以及惱人的紅腫硬塊，硬塊也許會、也許不會變成黑頭或白頭粉刺，這得看痤瘡之神那天對你微笑還是皺眉。每個因冒痘而去看醫生的人都知道沒有一勞永逸的方法，唯一有用的建議也是最沒用的：「不要擠它」。這一點大家都曉得，但不管怎樣我們還是會去擠。人生就是這麼回事。

青春痘是尋常性痤瘡（acne vulgaris）的典型特徵，尋常性痤瘡是一種長期擾人的常見皮膚病，主要影響青少年（尤其是十幾歲的男孩）──但感嘆人生黃金時光已經逝去的成年人偶爾長出幾顆，感傷也因此減少幾分。**痤瘡非常普遍，80% 的人在一生中某段時間都會被它纏上**。但這個名字只點出了慢性發炎症狀，無法反映出和真命天子／女約會那晚在臉上冒出的那顆要命的痘痘，那顆大如爆米香、就快爆漿的超吸睛痘痘。

黑頭粉刺

黑頭粉刺的正式名稱是開放性粉刺，其形成機制很簡單。油性皮脂不斷滲入我們的毛囊，使頭髮保持華麗光澤。同時，這些毛囊的內膜也不斷脫落。內膜的碎屑和皮脂常常漏逸到皮膚表面，在身體活動時被擦掉，但有時它們會被卡住不掉落。發生這

種情況時，皮脂會在毛囊中堆積，而隨著黑色素氧化，皮膚細胞碎屑也會變黑。這會堵塞住毛孔，形成黑頭。之所以被稱為「開放性」粉刺，是因為堵塞處上方沒有一層活的皮膚。被困在下面的死細胞會造成細菌感染，通常來參一腳的是**金黃色葡萄球菌**和**痤瘡丙酸桿菌**。往好的方面想，黑頭粉刺通常擠起來滿爽的（當然，你不該這樣做）。

白頭粉刺

封閉性粉刺有些親切可愛的外號，像是「牛奶膠囊旅館」或「皰皰怪」，與「開放性」粉刺的不同之處在於它有一層皮膚包覆，而不只是被栓塞堵住。當被困在裡面的碎屑被細菌感染時，白血球便會前來殺死細菌，當白血球代謝細菌時，它們就會死亡並變成膿液。白頭粉刺擠起來也很痛快（當然，你不該這樣做）。

你不應該擠痘痘，因為每次擠痘痘都會在皮膚上形成小開口，剛擠出的黏質膿液中有細菌，可能會使皮膚再次被感染。這種感染有其危險性，而且使疤痕產生的機會大增。如果你讓痘痘自生自滅，它們總會自行消失。這絕對是明智的建議，當然，你終究會當耳邊風，所以我應該不必說這麼多。

4.03 癤和癰

人們很容易將癤子想像成爆發力更強的巨型青春痘，但實情沒有表面上這麼簡單，而且危險加倍。癤子的醫學正式名稱是疔瘡（furuncle），雖然和青春痘十分類似，但它們紮根在皮膚底下更深處，而且是加倍疼痛的毛囊感染症狀，還可能危及生命。關於疔瘡有個重點，就是真的**真的**很痛。疔瘡與青春痘不同，通常是由化膿性鏈球菌或特別討人厭的金黃色葡萄球菌引起的，這些細菌在皮膚深處繁殖，又被名為巨噬細胞的白血細胞攻擊（見第 30 頁），並遭到吞噬。吃掉幾隻細菌後，每個白血細胞都會耗盡其酶存量而後死亡。它們與其他被吞噬的細胞、未被破壞的細菌和死亡的組織混和在一起，形成我們稱為膿液的淡黃色湯汁（見第 28 頁），當這湯汁在發炎的皮膚下累積時，那部位會變得更加疼痛。我有一段可怕的回憶，當時我約四歲，媽媽試圖擠破我屁股上的膿瘡，而我躺在一個豆袋坐墊上大聲尖叫，感覺既丟臉又痛苦。

如果你運氣不好，身上長好幾顆癤子，那就變成癰了。**癤子和癰都可以長到高爾夫球那麼大**，它們有可能在你眼睛旁邊長出來，這種情況下，它們被稱為麥粒腫。疔瘡內的細菌具有傳染性，很容易傳染給其他人。如果它們進入血液，事情會變得更麻煩，甚至危及生命。切勿擠壓鼻子或嘴巴周圍的疔瘡，以免細菌感染進入鄰近負責供養大腦的血管，可能會演變成難以處理的狀況。

癤子小學堂

當你的癤子看起來脹到快要爆裂，你能怎麼做？首先，**絕對不要擠破**，原因正如我剛才所提到的（真希望那時有人這樣告訴我媽）。再次感染和傳染的危害很嚴重，因此請立即去看醫生進行檢查，醫生大概會進行穿刺切除。醫生有可能為你開抗生素，但金黃色葡萄球菌令人討厭的一點是，它會產生抗生素耐藥性，因此要是醫生只告訴你要保持患部清潔並包覆好，也不必感到驚訝。

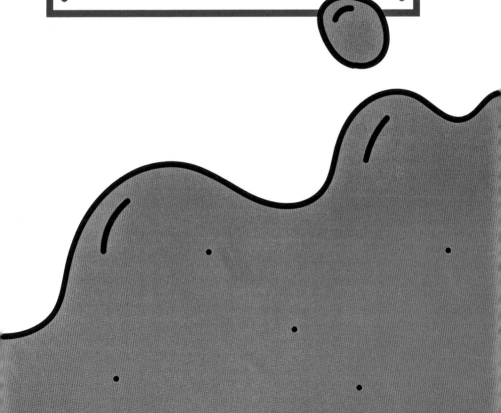

4.04 胯下癢

不雅的病症有著不雅的稱號。發癢的腹股溝絕對讓你笑不出來，胯下癢，正式名稱為股癬（tinea cruris），就是這樣。這是一種傳染性腹股溝真菌感染，會發紅、發癢、令人尷尬，有這種問題的男性經常同時受到香港腳、灰指甲和多汗症的困擾。世界各地的各種真菌都是罪魁禍首，但抗真菌藥物通常能發揮具體療效。如果你容易出現這毛病，請試著穿寬鬆的衣服，並保持腹股溝乾爽 —— 溫暖、黑暗、潮溼的環境有利於真菌感染擴大。

當然，自己的真菌留在自己身上就好，別用自己已感染的胯下往其他人身上蹭，嚇得人家逃之夭夭。

4.05 痣

痣的正式學名為色素細胞母斑（naevi，單數形式為naevus），是常見的皮膚病變。大多數人全身都有十到四十顆痣，有各種形狀、大小和顏色（痣這個詞涵蓋了種類差異頗大的各種病變型態和腫塊），可能出現又消失，或者無緣無故改變外觀。黑色、粉紅色、紅色甚至藍色的痣並不罕見。

絕大多數是完全無害的黑色素細胞腫瘤（雖然這名詞聽起來很有戲的），良性腫瘤是黑色素細胞（生成黑色素的細胞）聚集成簇，這些細胞功能失常時會導致局部深色色素細胞過度生長。我肚子上有一顆毛茸茸的痣，我對它愛恨交加，情感複雜。

　　痣偶爾會發生癌變，要觀察痣有無這種傾向，主要可留意它是否有變化或顯色不均勻。如果痣的邊緣不清晰、顏色不均勻、由多種顏色組成、逐漸擴大，或者開始發癢、剝落或出血，最好就該讓醫生檢查一下。

痣痣小學堂

美人斑沒有嚴格的定義，通常也是黑色素細胞腫瘤 —— 類似我肚子上那一大塊痣斑，我這塊斑與現實生活中在地底的失明哺乳動物一樣大 *。曾有那麼幾個時代，很流行刻意假造痣與斑塊，人們會使用化妝品或名為 mouche（法語，意思是「蒼蠅」）的小貼片。mouche 也可用來遮蓋梅毒瘡（通常出現在嘴巴附近）和天花疤痕。我想最出名的美人斑就在瑪麗蓮‧夢露（Marilyn Monroe）臉上吧，但桃莉‧巴頓（Dolly Parton）** 那顆大家也有目共睹。

---

* 原文用詞 mole 一語雙關，既可指痣，也可指「鼴鼠」，鼴鼠為生活在地底、眼睛近乎失明的哺乳動物。

** 美國歌手、詞曲作者和女演員，以鄉村音樂的創作和演唱而聞名。一九七〇、八〇年代是她的演藝事業高峰。

4.06 胎記

皮膚異常的怪模怪樣有許多種，有時將某一種稱為痣，另一種叫做胎記，其實毫無意義。這兩個詞都沒有嚴格的定義，但不可否認的是，胎記多少給人幾分浪漫色彩。我腳上的胎記是有顏色的，在皮膚底下較深處，沒有突起，看起來像微小瘀傷，樣子不令人擔心，還能在我急需秀出身體怪狀時派上用場。你身上的可能與我不同，搞不好還更酷。

胎記主要有兩類：色素型（有顏色呈現）和血管型（與血管有關）。蒙古斑（Mongolian spot）即是一種色素型胎記，這是一種常見的偏藍色塊，位於皮膚底下，看起來有點像瘀傷，通常會在青春期前消失。而咖啡牛奶斑（café au lait spot）有個令人愉悅的好聽名字，是一種平坦的淺棕色斑塊，可能的形成原因有很多。當然，如果希望自己身上的斑斑點點能多帶一些浪漫色彩，你要將任何老早就長在身上的痣都稱為胎記也沒問題。

血管型胎記包括漂亮且浮突的「草莓斑」（也稱為嬰兒血管瘤），它會稍微突出，幾年內便會消失。還有許多嬰兒天生就有的「送子鳥吻痕」。這些皮膚區塊的毛細血管只是比一般正常情況稍寬，才會呈現狀似發炎的紅色外觀，通常會在兩歲前消失。

有些胎記可以使用雷射手術、類固醇或開刀手術去除。但將這種反映你個人獨特性的標誌拿掉似乎滿可惜的。我們應該學會珍惜胎記和那些擁有它們的人 —— 但我知道，生活型態、社會氛圍和某些心存惡意的人就是能讓這麼單純的事變複雜。

4.07 拇囊炎

拇囊炎（bunion）也稱為拇趾外翻（hallux valgus），沒有人知道確切原因。這是大腳趾關節的畸形變化，腳掌因此呈現奇怪的菱形 —— 關節從側邊向外突出，彷彿要遠離其他腳趾，使腳掌前半部展開，而大拇趾的前端則指向內側。在醫學外行的人看來，這似乎是穿著合腳的高跟鞋所致，對女性的影響肯定大於男性。高達 23% 的成年人患有拇囊炎，研究人員曾在十四世紀和十五世紀的英國人骨骼中，發現他們患有拇囊炎的大量跡象，而這時期恰逢尖頭鞋大流行，所以，比起腳部被墊高，鞋子過於貼腳造成的壓力更可能是元凶。

拇囊炎可能疼痛萬分，甚至需要動手術，所以模仿班尼・希爾（Benny Hill）* 的聲音說：「哦，我是拇囊炎！」來嘲笑患者一點都不帥，而且很蠢。雖然我這麼說，但我小時候住的那個地區，有一位名叫比爾・班尼恩（Bill Benyon）的保守黨議員，出於某種原因 —— 或許只是對高高在上的政客看不順眼，這樣子可能對他很不公平 —— 我們在學校編了一首關於他的歌來唱，歌詞內容是「比爾・班尼恩得了拇囊炎，還有張像醃洋蔥一樣的臉。」（Bill Benyon's got a bunion, and a face like a pickled onion.）只是這樣，請就此打住。**

---

* 一九二四年～一九九二年，英國著名喜劇演員，以長壽搞笑節目《傻人豔福》（The Benny Hill Show，一九五五年～一九九一年）而出名，節目融合鬧劇、詼諧模仿，以其雙關諷刺及黃色笑話為賣點。希爾演出接近四十年，是英、美流行文化的一代笑匠。

** 拇囊炎的英文為 bunion，與人名班尼（Benny）、姓氏班尼恩（Benyon）發音相似。

4.08 肉瘤與疣

疣是由人類乳突病毒（papilloma）感染所引起的乳突瘤（良性的皮膚腫瘤，少數為黏膜腫瘤）。有許多不同類型，從比較奇特、常長在眼瞼或嘴脣上的細長絲狀疣，到幾乎可能長在身體任何部位、粗粗硬硬的普通疣（尋常性病毒疣）。**它們十分常見且很難殺死，因為病毒耐乾燥又耐熱（攝氏一百度／華氏二百一十二度才會死亡）**，不過紫外線照射的效果不錯。

疣已經困擾人類好幾千年：早在西元前四百年，希波克拉底（Hippocrates）就曾描述記錄過它們，但一直到一九〇七年，朱塞佩・丘福（Giuseppe Ciuffo）醫師才發現它們是由病毒傳播的。一般的疣在幾個月或幾年內就會自行消失，有時冰凍（低溫冷凍療法）或使用水楊酸可以使它們提早消失。

疣不太會造成煩惱或尷尬，但有一種疣聲名狼藉，就是足底疣（或蹠疣 verruca plantaris），可能會深入皮膚且異常疼痛。有時疣中間會出現黑色斑點，且經常發生在腳底的壓力點上，因此也特別痛。

4.09 皺紋

無論我再怎麼呼籲要珍惜你的皺紋，你都不可能愛它們，不會真心喜歡。皺紋對我們有何影響呢？它們在全世界創造了一千三百九十億英鎊（約新臺幣五兆五千八百一十七億七千萬）的市場交易，預計到二〇三〇年將增長到三千零六十億英鎊（約新臺幣十二兆二千八百七十九億二千四百萬），這就是皺紋之力啊，而醫美市場最強大的驅動力是什麼呢？老年人口。

皺紋在衰老過程中不可避免。關於皺紋形成的原因有許多種解釋，像是錯誤修復累積理論（misrepair-accumulation theory）就是其中之一，但基本上都會提到一個事實，即皮膚是複雜的器官，當你四處走動、微笑、接吻和把臉貼上火車車窗，無時無刻都在拉扯著皮膚。最重要的是，冷熱皆會摧殘它，天氣因素讓它收縮，吹風與受熱使之乾燥，大氣和太陽紫外線造成傷害，宛如沖積平原般的反覆侵蝕和沉積破壞它，皮膚修復過程中產生變化……面對現實吧，你的皮膚能好好活到現在簡直是奇蹟。

那麼皺紋到底有趣在哪呢？好吧，**當你洗澡泡在水裡太久，就會出現暫時的水浸皺紋，這是很有趣的現象，而且令人驚訝的是，科學界對此仍意見分歧**。已有各種研究證明和反駁，這種奇怪的皺紋讓你在潮溼的環境中有更強的抓握能力，是一種生存演化的優勢。有趣的是，如果你切斷手指的某些神經，這種皺紋就不會產生，意味著這不僅是滲透作用（水進入皮膚以平衡電解質），神經系統也有影響。現在這個理論被歸在「已證實」的陣營，但這部分還有討論空間。

第五章
令人尷尬的哩哩摳摳

5.01 男性的乳頭與陰道

男人可以分泌乳汁，甚至有發展不完整的微小陰道。是哦，沒錯，真的有。但首先讓我們聊聊退化的身體遺跡——已沒有用處但仍殘留著的身體部位。它們通常是某種功能的演化餘音，這種功能曾經是生存必需的，但現在已經沒必要存在了。為什麼我們還保有這些部位呢？主要是因為擺脫它們不是生存進化的優先事項。如果乳頭會占用代謝能量或以某種方式阻礙男性的生殖活動，那麼它們幾乎肯定會被淘汰，但如果還能正常運作，演化過程又何必多事去更動呢？

　　為什麼乳頭一開始就長在那裡？好吧，如果我說其實我們所有人原本天生都是女性，你大概會大吃一驚。人類胚胎發育最初幾週，雄性和雌性胚胎在開始形成身體部位（包括乳頭和陰道）時都遵循相似的遺傳藍圖。只有在六到七週後，（只有男性才有的）Y 染色體上有一個基因會出現變化，進而啟動睪丸發育。胎兒九週大時，開始產生睪丸激素，這會改變生殖器和大腦中的基因活動，阻止多種其他器官繼續發育，包括乳房在內。但現在為時已晚了，兄弟——乳頭已經在你身上了，怎樣也甩不掉。

　　不僅是乳頭：所有的雄性哺乳動物身上都有不發達的乳腺和乳房組織——實際上就是生產乳汁所需的所有器官皆具備。畢竟，哺乳動物這個詞來自拉丁文 *mamma*，意思是乳房。雄性的俾斯麥花面狐蝠（Bismarck masked flying fox）和棕櫚果蝠（dayak fruit bat）都能夠分泌乳汁，而且也有人類男性哺乳的案

例（老實說人數不多，但有確切證據可查）。一般認為，男性分泌乳汁是因為腦下垂體功能出現障礙，催乳素等激素分泌過多，誘使身體執行泌乳活動。

男性甚至還有子宮頸、子宮和輸卵管的微小殘留痕跡。我們還有一個退化的陰道，像是附帶在睪丸中的一部分：男性陰道（vagina masculina，想要比較正式死板一點，可以叫它前列腺小囊 prostatic utricle），這是無處可去只好留在我們生殖器中的一條管子。當然，這也是個殘餘物，但這多麼神奇！

其他人體部位遺跡還有尾椎或「尾骨」（見第 106 頁）、智齒和大部分體毛。闌尾過去也被認為完全沒有功用，但最近的研究發現，它可能是腸道益菌的來源。其他動物身上也能發現退化的身體部位，包括食火雞、鴕鳥和鶆䴈等不會飛的鳥類都有翅膀。更奇怪的是，有些鯨魚竟然有後腿骨。

乳頭小學堂

男性和女性都可能得到多乳症，也就是有異常多（超過兩個）的乳頭，而且這種情況竟然還蠻普遍的。像哈利・史泰爾斯（Harry Styles）*、莉莉・艾倫（Lily Allen）** 和蒂妲・史雲頓（Tilda Swinton）*** 這幾位名人身上都有這種突變萌發。關於這種現象的研究並不少，但所呈現的發病頻率全都相當可疑，從德國兒童的 5.6% 到匈牙利兒童的0.22%，因此研究方法可能不太可靠。異常增生乳頭通常很小，外觀像痣，位於軀幹的前面部分，但也可能出現在任何地方，包括手上。它們有不同形態，可能是狀似乳暈的不尋常皮膚顏色，也可能多出完整豐滿的乳房──也就是乳頭下面有乳房組織。

---

*　一九九四年出生，英國創作男歌手、演員，男子組合一世代的成員。

**　一九八五年出生，英國創作女歌手、演員、作家及主持人。

***　全名凱瑟琳・瑪蒂達・史雲頓（Katherine Matilda Swinton，一九六○年出生），英國女演員。演出過不少有名的獨立電影和票房大片，獲得包括奧斯卡金像獎和英國電影學院獎在內的不少電影獎項榮譽。

5.02 經血

討論月經（在某些情況下）變成禁忌，這真的有夠奇怪，這可是人類生存的基礎因素──而且真的是很奇妙的現象。生物課都沒認真聽的同學們，以下就為你們解說一番，女性的黃體酮（progesterone）濃度每二十八天左右就會下降一次（除非她們懷孕了），這會促使血液和黏膜組織從子宮內膜通過陰道排出。過程可以持續二到七天，這只是身體另一種美妙的細胞再生活動。**每個人排出的經血量差異很大，但平均每個月經週期約三十五毫升（一·二液量盎司）**。它呈深紅色，其中一半是血液，含有不同比例的鈉、鈣、磷酸鹽、鐵和氯化物。其餘成分則是死去的子宮內膜組織、富含蛋白質的陰道分泌物與子宮頸黏液。

5.03 糞便

糞便聽起來太正式，便便聽起來太幼稚。但這裡我們還是選擇糞便＊。真不曉得為什麼我們會這麼害怕討論消化過程的最後階段——它與我們任何其他維生所需的功能一樣重要。

　　正常情況下，你每天會產生一百到二百公克（三‧五到七盎司）的糞便，具體取決於你那一天的飲食、健康狀況和微生物群的比例分配，糞便組成通常是 33.3% 的水和 66.6% 的固體。約 30% 的糞便是包括纖維素在內的不可溶性膳食纖維，30% 是細菌（死活都有），但它還含有 10% 到 20% 的無機物，如磷酸鈣，10% 到 20% 的脂肪，如膽固醇，和 2% 到 3% 的蛋白質，再加上來自腸道內壁的少量死細胞、死亡的白血球，以及殘餘的老舊紅血球產生的黃褐色糞膽素和尿膽素。布里斯托大便量表是相當好的觀察指引，可以將自己的糞便型態分享給任何感興趣的人，而不需要拍照寄給他們（朋友應該會覺得怪怪的）。這個分類表是布里斯托皇家醫院（Bristol Royal Infirmary）於一九九七年研發的，從最乾燥的第一型「像堅果一樣的分離硬塊，難以通過肛門」到第四型「光滑柔軟，像香腸或蛇」、第七型「湯湯水水，沒有固體塊；完全是液體」。我的便便目前處於健康而無趣的第四型陣營，堅定不移，不過我比較喜歡適應多樣化的飲食，讓自

＊　順便說一下，我勸你別在這裡鑽牛角尖、猶豫不決了，趕緊去買一本敝人的著作《一顆屁的科學》（時報出版），裡面對於糞便有詳細介紹，對於屁更有徹頭徹尾的說明。

已盡可能在這量表上上下下＊。

　　你的直腸存放著便便，直腸末端有兩個括約肌，而不是一個：一個是你無法操控的內部括約肌，一個是你可以控制的外部括約肌。順便一提，**當你不得不用力將死命不肯走的便便推出門時，你正在做的就是名字取得很優雅的伐氏呼吸（Valsalva manoeuvre）**。這是在保持聲門關閉的同時呼氣，增加胸腔和腹部的壓力，有助於將直腸內容物往下壓，但這樣做也會使血壓升高，並引發一些極其複雜的心血管活動，執行這動作時要小心。這些壓力全都可能導致裂孔疝氣甚至心臟驟停，而在你解除擠壓狀態後，血壓會短暫下降，這本身就可能讓人頭暈。

　　便便用途多多，它是一種很好的肥料。我曾在印度農村看到牆上塗滿牛糞，這些牛糞被晒乾後可用來生火。不過缺點是，你的每一公克糞便都含有四百億隻細菌和一億隻古菌（沒有細胞核的單細胞生物），其中有些可能具危險性。糞便通常是霍亂爆發的主要原因，因此若你要使用它來種植食物，請務必小心。

―――――――――

＊　然而，大多數醫生的立場都非常明確，他們希望你維持在第三到第五型。

便便小學堂

包括我在內,有些人吃甜菜根就會使他們的便便變成鮮紅色。這是因為使甜菜根呈現紫紅色的甜菜苷(betanin)色素,在我們體內沒有完全分解。如果你忘記自己前一晚吃了甜菜根,或者它被混在鷹嘴豆泥中而你吃了卻不曉得,隔天見到那樣子可能會嚇到!我排出來的東西變成深沉又誇張的血紅色,宛如命案現場,不過我的小便沒變色,真可惜。

5.04 尿液

飲食內容和身體活動量雖會造成差異影響，但一般女性每天產生約一公升（一‧八品脫）的尿液，而男性產生約一‧四公升（二‧五品脫）。尿液是去除水溶性廢物的絕佳工具，尤其是細胞呼吸的副產品，那些充滿了氮的物質。其中包括尿素（大多可用來做肥料）、尿酸（血液中尿酸過多會導致痛風）和肌酸酐（肌肉新陳代謝的副產品）。**所有這些物質都含有氮，這表示你的小便是一種極好的肥料，好好用它灌溉你的花園，植物們都會感激萬分。**也可以將尿與堆肥混合，製成硝酸鉀 —— 硝酸鉀與硫磺、木炭都是製作火藥的基本成分。

　　小便的正式說法是排尿（micturition），人體製造的尿液呈弱酸性（pH 值約為六‧二），通常約 95% 都是水。之所以呈現黃色，是因為尿膽素化合物的緣故，這是舊紅血球分解後產生的。帶給甜菜根豐富色彩的鮮紅甜菜苷化合物進入某些人體內後不會分解，這些人在吃了甜菜根之後，尿液就會變成粉紅色。蘆筍則富有含硫化合物，這些化合物在體內分解後，會讓你的小便散發出帶有土腥氣的濃郁臭味。

　　縱觀歷史，尿液有許多驚奇的用途。它在古羅馬被用來當作清潔劑、牙齒增白劑和衣服洗潔精 —— 主要是因為尿素會分解成氨，而氨的清潔效果非常好，而且具有很強的防腐作用。有一道中國傳統菜餚名為**童子蛋**，看字面就知道是「處男小兒蛋」，這種料理用小男孩的尿液浸泡、滾煮雞蛋，然後又放在其中醃漬。據說呢，有益健康，應該吧。

尿液小學堂

那麼,來說說尿液**不適合**用來做什麼呢?好,首先,用尿液塗水母蜇傷處沒有幫助,這點與普遍的看法相反。再來,關於尿療法(喝自己的尿液),儘管不少人都宣稱有益健康,但沒有科學證據支持。喝太多尿不是個好主意,不管你聽人家怎麼說,但尿液不是全然無菌,它含有各種毒素,且充滿富含氮的化合物,這些是你的身體耗力費勁好不容易才排出體外的。如果口渴到都脫水了,因此不得不喝它呢?很遺憾,由於尿液中的溶解鹽含量很高,這麼做可能適得其反。

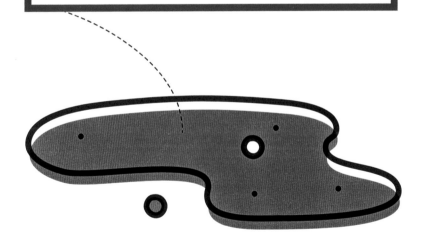

5.05 未露面的人體廢棄物

身體會產生許多廢物,但其中大部分是看不見的。你體內的每顆細胞在呼吸過程都會發生一系列代謝反應,這些反應利用氧氣,從食物中提取的葡萄糖燃料在此時分解,轉換成化學能。這是一種燃燒反應,就像汽車引擎消耗汽油一樣,它會產生二氧化碳和水這些廢物。二氧化碳你看不見也聞不到,但你會產生大量二氧化碳:你吸入的大氣中含有 0.04% 的二氧化碳,但呼出的空氣中有 4% 是二氧化碳*。它實際上是你產出的廢氣。

人體處於不斷更新的狀態,皮膚占你體重的 16%,其外層每個月都會完全更換一次。紅血球每四個月更新一次,味蕾細胞每十天一次,小腸內壁則是每二到四天一次。骨骼中 10% 的細胞每年都會替換。比較傷腦筋的是,脂肪細胞可以維持整整八年不變,但只有少數組織會在你一生中都一直保持原樣不更替,像是眼睛的晶體。你的身體一點一點不斷脫落或混入你的各種體液中被排出,許多細胞也會被你的噬菌細胞吞噬,然後噬菌細胞會透過一種叫做胞吐作用(exocytosis)的過程將膜蛋白、可溶性蛋白質、激素和脂肪等廢物排出到血漿中,之後這些廢物若不是被回收,就是以某種方式從你體內噴出去。

---

* 不管氣候懷疑論者如何言之鑿鑿,你的呼吸吐氣沒有增加溫室氣體排放 —— 它只是光合作用循環的一部分,光合作用將水和二氧化碳轉化為氧氣和可儲存的能量,為你帶來食物。當你呼氣時,只是將相同的二氧化碳和水送回大氣中。

魏茲曼科學研究所（Weizmann Institute of Science）位於以色列的雷霍沃特（Rehovot），那裡的研究人員計算出，**每天約有三千三百億顆細胞被替換**——超過細胞總數的 1%。你這副美麗的身體含有約三十萬億顆人體細胞，因此每九十天左右，你整個人就會煥然一新。

5.06 肚臍

我整天都不停撥弄肚臍＊，和任何正常人沒兩樣。醫學上就稱為臍，它只是疤痕組織，由附著在母親胎盤上的臍帶殘餘物組成。雖然所有胎盤哺乳類動物都應該有一顆肚臍＊＊，但我從來沒在我家狗狗身上找到過。

臍帶為尚未出生的嬰兒提供營養和氧氣，並將廢物帶走。**它由兩條動脈和一條靜脈組成，上面覆蓋著一種黏稠物質，名為華通氏膠（Wharton's jelly），還滿好聽的**，它會在嬰兒出生後使臍帶塌陷，並在約三分鐘內就將其確實關閉。

人在出生後不久，臍帶就被夾住，用剪刀剪斷，當下這看起來非常血腥嚇人，不過由於臍帶沒有神經，嬰兒是沒有感覺的。（構成你肚臍的臍帶內部殘餘物也沒有任何知覺，繼續戳戳肚臍吧，我剛剛又戳了，啥事也沒有。）留下的小小臍蒂頭經過一陣子有趣的顏色變換後，最終會變黑脫落，通常在出生兩週左右就結束了。雖然不少人會忍不住想把它製成鑰匙圈，但最好還是扔去當堆肥吧。

＊ 老實承認吧，你們很多人應該也是這樣。但有些人患有臍帶恐懼症（omphalophobia），這與威利・旺卡（Willy Wonka）那群勤奮的員工無關（威利・旺卡是英國作家羅爾德・達爾，〔Roald Dahl，一九一六年～一九九〇年〕故事中的知名角色，達爾所寫的兒童文學作品《查理與巧克力工廠》〔*Charlie and the Chocolate Factory*〕中，威利・旺卡擁有世上最大的巧克力工廠，而他的工廠工人歐帕・倫巴人〔Oompa Loompas〕是一群來自倫巴國的侏儒。歐帕・倫巴與臍帶恐懼症的英文發音類似），完完全全是對肚臍的恐懼。

＊＊ 有胎盤的哺乳動物如此之多，列出那些沒有胎盤的還比較容易 —— 有些屬於單孔目動物（*Monotremata*），陣容相當華麗，包括鴨嘴獸和針鼴，還有些來自有袋類（*Marsupialia*），這組的成員們擁有神話傳說般的名字，如袋熊（wombat）、袋食蟻獸（numbat）、袋貂（possum）、豚足袋狸（pig-footed bandicoot）和袋鼠（kangaroo）等。

肚臍小學堂

二〇一二年，北卡羅萊納州立大學的研究人員展開肚臍多樣性研究計畫，希望能深入觀察生活在肚臍內的微生物。他們從數百人身上採集樣本，光是在前六十個樣本中就發現了二千三百種不同類型的細菌，其中許多取樣來源是人體所獨有的。結果發現許多常見的表皮葡萄球菌和亮黃色的藤黃微球菌與假單胞菌。他們還發現只有 4% 的受試者是凸肚臍。

臍橙在正對著蒂頭的另一面有顆「肚臍」，這是由於未完整發育的副果嵌在主果實的果皮中。

5.07 瘀青與吻痕

瘀青

醫學術語中稱為挫傷（contusion），瘀青是身體組織血腫（內出血的區塊），其中有某種形式的創傷導致紅血球從攜帶它們的毛細血管中滲漏出來，流入周圍組織。

瘀青最有趣的特點之一是，它們的顏色不斷變化，完全是因為一系列分解代謝的「分化拆解」反應，這些反應將滲出的血液分散掉。紅血球中的血紅蛋白最初使你的皮膚看起來呈現紅色、黑色和藍色──皮膚容易吸收較多紅光，將大部分藍光反射到我們的眼裡（這就是為什麼你手上的靜脈看起來也是藍色的）。一旦紅血球離開毛細血管，它們就無法正常工作，需要被身體清除，因此噬菌細胞會前來吞噬它們。當這些噬菌細胞分解紅血球中的血紅蛋白，一系列反應便會開始，首先產生的膽綠素使瘀傷處看來綠綠的。接下來噬菌細胞將膽綠素分解成膽紅素（使我們的小便變黃的色素之一），瘀傷因此變黃，然後膽紅素又被分解成含鐵的血鐵黃素，使瘀傷處呈棕色。

吻痕

吻痕是由吸力而非撞擊造成的瘀傷，它們可以是叛逆的象徵，也可說是最能惹火父母的壞孩子徽章，或者是幼稚且不顧一切的愚蠢跡象。如果真的要說這在演化上有何益處，你或許可以指出，包括貓在內的許多動物在交配前和交配過程中都會互咬對方的脖子。

　　報章雜誌上找得到許多讓吻痕神奇消失的建議，但其實只需要平凡無奇的瘀傷治療流程 RICE（Rest, Ice, Compression, Elevation，休息、冰敷、壓迫、抬高）就夠了，那些建議根本派不上用場。**只要你身體健康，吻痕在約兩週內就會消失，就像任何其他瘀傷一樣。**有報導稱，一名紐西蘭婦女的大動脈旁被種了一顆草莓，使得血液凝塊進入她的心臟並導致中風，但那則報導也說她已經完全康復，看來沒什麼要緊啊。

5.08 接吻

接吻以科學專業的角度來說，就是親密接觸，每個人都有自己的獨門技術，但基本上都會使用約三十四塊臉部肌肉，包括嘴巴周圍嘴脣的環形口輪匝肌群（**嘴脣實際上就是一塊括約肌，大概沒什麼比知道這件事更令我開心了**）。許多物種都會親吻，包括黑猩猩和矮黑猩猩，而我的狗在我回家時會舔我（儘管這可能只是因為牠這樣做的時候，我會開心大笑，且向牠表現加倍關愛）。不過呢，當然，這裡談的不只是親親臉頰，而是更浪漫強烈的接吻：喇舌熱吻，將舌頭和一切都用上。

研究接吻的科學被稱為接吻學（philematology），雖然已被廣泛研究，**但我們對於人類究竟為什麼接吻仍一無所知，尤其它還如此危險**。你可能在接吻交換唾液時，也交換了各種細菌並感染感冒、梅毒和單純皰疹等疾病，所以你會認為它應該沒有什麼演化優勢才對。我們也不清楚接吻行為到底是源自本能，還是從父母和其他同年紀的人那兒模仿學來的。

目前能確定的是，接吻同時涉及生物學和心理學，且對於選擇伴侶一事影響重大。科學期刊《演化心理學》（*Evolutionary Psychology*）中曾有一項研究表明，和未來另一半接吻的感覺可能是兩人是否真能繼續走下去的決定性因素，女性接吻是「為了建立與檢測她們與伴侶的關係狀態，可評估且定期了解伴侶目前認真投入的程度」。另一方面，男人「傾向於將親吻做為達到目的的手段 —— 獲得性愛享受或達成和解」。作者得出結論，這意

味著接吻是一種「配偶評估技術」——每個讀這篇文章的青少年此刻肯定都在想：「再扯啊，你福爾摩斯喔。」

　　接吻會啟動許多增強情緒的生化反應，刺激催產素（與愛的感覺、社交聯繫和性吸引力相關）、多巴胺（與愉悅感受相關）和腦內啡（與幸福感受相關）釋放，並抑制與壓力情緒相關的皮質醇。研究發現，增加接吻的頻率，即使只是研究人員請受試者更頻繁接吻（而不是受試者自己想這樣做），也會改善「感覺焦慮程度、人際關係滿意度和血清膽固醇總量」。

接吻小學堂

一次完整到位的親吻可能會將十億隻細菌從一個人轉移到另一個人身上，同時一起轉移的還有約○‧五毫克的鹽分、○‧五毫克的蛋白質、○‧七微克的脂肪和○‧二微克的各種食物和，嗯……其他東西。

5.09 踢蛋蛋

要讓男人痛到不支跪倒，沒有什麼招式能比得上胯下重擊。正在讀這段的女士請聽好，踢蛋蛋會讓男人體驗到一種混雜疼痛與恐慌的奇怪感覺，而且這種感覺會愈來愈強，還伴隨難以言喻的歪扭感受：腹部的疼痛比睪丸的疼痛更強烈（恐慌則來自懷疑自己成為父親的機會可能終結了）。踢蛋蛋讓人極度痛苦，受害者可能會因此嘔吐，不過不知為何，他們旁觀的友人會覺得有趣極了。

要解釋這戲劇性的一幕和最疼痛處為何在肚子，原因就在於腹部和陰囊共享一組神經和組織。**嬰兒還在子宮內時，睪丸在其腹腔內發育，約三到六個月時才下降到陰囊**，但在體內的連接仍相當牢固。如果撞擊導致精索扭曲（稱為睪丸扭轉），情況會變得更糟，血液供應可能因此被切斷，這可不是開玩笑的要命，所以你別再偷笑了好嗎？

為什麼會這麼痛？好吧，睪丸是生殖過程的關鍵部分，但也是晃動不穩的外部器官。為了保護它們，男性在演化過程中，在此發展出高度密集的神經末梢。這使它們變得極其敏感，即使是輕輕敲擊睪丸也會響起痛苦的警鐘，告訴它們的主人要多加留意。不過既然這麼需要保護，它們卻完全在體外發育，著實令人驚訝，關於這點有好幾種理論可解釋。產生精子所需的溫度範圍比一般體內溫度攝氏三十七度更低，但似乎無人知道為什麼沒有演化出不同的適應性──大多數哺乳動物的睪丸都在身體內部，

鳥類也是（牠們的核心體溫很高），所以很可能還有其他原因。
也許女士們就是喜歡它們的外觀？我的意思是「它們可當作性擇
優勢工具」。

踢蛋蛋小學堂

如果你的蛋蛋慘遭命中，疼痛感應該會在一個小時內消退，
但如果持續得更久或發現有瘀傷，就要去看醫生了。有一群
生性喜愛鑽研的朋友對於蛋蛋被徹底重擊的感覺興趣盎然，
還積極收集經驗談，但這可以留到另一本書再講了。

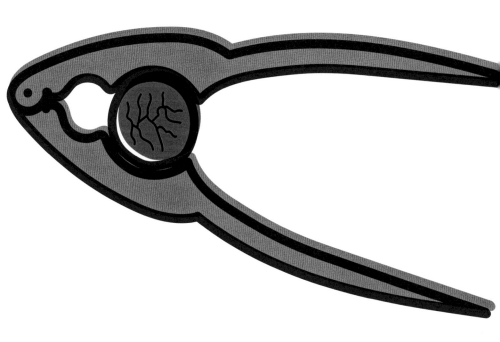

5.10 人的尾巴

你大概已經曉得脊柱底部的尾骨是微弱的演化餘音，來自我們猿類祖先的尾巴，但你知道自己在胎兒時期曾經擁有一條大得驚人的尾巴嗎？**是的，在子宮內發育四到五週後，你的胚胎有十到十二根正在積極發育的椎骨構成一條壯觀的尾巴，尾巴的尺寸占你全部身長的六分之一。**但隨後匪夷所思的事情發生了：它開始消失。就好像你的基因突然想起它們正在創造人類而不是拉布拉多犬，儘管已經花了不少功夫，但還是決定放棄尾巴。

事實證明，你的基因藍圖包含的元素比實際創造最終版本所需的還要多，因此那些多出來的元素被斷然中止，預先編碼的細胞死亡（稱為細胞凋亡）程序啟動。到妊娠第八週，第六到第八節椎骨及其周圍的組織被破壞，最終只剩下尾骨。

因為本應關閉的基因若被重新觸發開工，尾巴就會再次開始生長，這種沒有完成尾部退化的情況很罕見。這導致嬰兒出生時帶著一條縮小的尾巴，有完整的肌肉、結締組織、正常皮膚和毛囊。《英國醫學期刊》（*British Medical Journal*，簡稱 *BMJ*）在二〇一二年的一份病例報告詳細介紹了一名三個月大的女嬰出生時有一條長十一公分（四英寸）的尾巴，但已成功切除。這條尾巴讓人感覺不太對勁，看起來像一根又長又細的手指，並不是直接從尾骨伸出，而是稍微偏左側。它的生長速度快得驚人，三個月大時就達到十一公分。值得慶幸的是，這種情況非常罕見，至今僅記錄了四十筆案例。

5.11 屁股

我們茸茸皺皺的屁股設計很精良，除了生殖器之外，我無法想像還有什麼身體部位會像屁股一樣，讓我們恥於裸露。為什麼在偉大的詩歌中，嘴巴如此受崇敬，而肛門卻這樣被斷然忽視？我想，這是因為美味可口、做工精細的東西往往會進入嘴裡，而從屁股裡冒出來的卻是惡臭的原味糞便，但兩者其實脣齒相依，缺一不可。

顯然，屁股不是專業術語，而是通稱，指的是一整組身體部位，它們彼此有顯著差異，包括直腸、肛門、括約肌和兩球屁股肉。直腸簡單說就是你體內的糞便儲存倉（見第 91 頁），會將糞便蒐集累積起來，並向大腦發送訊息，告訴你它有多滿，提示你該開始為即將到來的卸載活動準備閱讀材料、香氛蠟燭和舒適安靜的空間。肛門本身通向你的內外括約肌，這是消化系統的最後階段，用於清除固體廢物。**鳥類、爬蟲類和兩棲動物沒有各自獨立的肛門、泌尿道和陰道，取而代之的是一個更簡單的裝置，稱為泄殖腔，對於排除固體和液體廢物、性交和產卵，一體適用。**

第六章
人都嘛毛毛的

6.01 請叫我毛怪

所有哺乳動物都有毛髮（即使是醜得離譜的裸鼴鼠 * 也有幾根陰毛），或多或少罷了，不過人類算是其中毛髮最少的。毛髮的主要功能是為我們的祖先們保暖，人全身約有五百萬根毛髮，其中大部分每天生長約〇‧四公釐（〇‧〇二英寸）。這毛髮量聽起來好像很多，但與海狸上百億的毛髮和灰蝶的一千億根毛相比，這個數字就顯得微不足道了。

　　人類在演化過程中捨棄掉如此多毛髮，這在靈長類動物中絕無僅有，發生的原因目前尚不清楚。基因中有跡象顯示，我們約在一百七十萬年前就不再努力長毛了。人類的體毛生長可能已轉化為青春期後的第二性徵，當我們準備好生育時才會出現。**有個有趣的觀點是這樣的，人類毛髮脫落是因為跳蚤等體外寄生蟲作祟。**當人類的社群性格發展得更加明顯，群聚生活變得更緊密，跳蚤和蝨子的問題會變得更令人在意 —— 將容易窩藏寄生蟲的毛髮削減掉，可避免牠們大批繁殖侵擾而造成破壞。另外有個理論認為，人類學會用火之後，濃密的毛髮可能就成了一種負擔 ——毛髮稀疏的人引火自焚的機率比較小 —— 但這個說法有點站不住腳。

---

* 裸鼴鼠是哺乳類動物中唯一的溫度順應者（thermoconformer），牠們與昆蟲一樣，實際上是冷血動物，不必為調節體溫的事操心。

你閱讀本節時或許已經發現，我們對毛髮的了解遠不及我們所未知的。為什麼有些人頭髮是捲的，有些是直的，為什麼我們有頭皮屑，為什麼陰毛如此粗硬，這些都是待解的科學謎團。

雖然如此，但基本生物學原理套用到所有毛髮上都還是說得通的。毛髮從深陷皮膚的毛囊中發芽，細胞在那裡分裂和繁殖，將毛髮從真皮乳突中擠出，有點像擠牙膏。你的頭髮在夏天長得比冬天時更快，毛髮的學術名稱為複層鱗狀角質化上皮（stratified squamous keratinized epithelium）。複層意味著它是一層又一層細絲拼排而成，鱗狀表示它表面的細胞扁平，角質化上皮是一種由角蛋白組成的動物組織，角蛋白是相當特殊的纖維蛋白，許多堅韌而靈活的動物身體部位都由這種基礎材質構成，包括頭髮、指甲、爪子和蹄子。

毛髮實際上已經死了，裡面沒有生化活動，但讓我們截取一根髮絲的橫切面來看看。它由三個主要的同心環組成：位於中心的是柔軟細緻、相對無明顯結構的髓質。包圍它的是皮質，皮質為毛髮提供堅韌強度和支撐結構，並賦予其顏色（取決於黑色素含量）。然後是角質層外殼，其表面覆蓋著一層油性防水脂肪，只有薄薄的一個分子那麼厚。

毛髮的生長週期可謂絢爛又奇特，可分成三個發育階段，你身上的每根毛必定處於其中之一：較長的毛髮生長期；較短的衰退分解階段，此時毛囊收縮；以及休止期，此時原本的毛髮脫落，新的毛髮開始生長。

6.02 頭髮

你的頭皮上包覆著十萬到十五萬根較粗、較長的終毛（terminal hair，終毛也存在於恥骨部位、腋下和鬍鬚中）。每根寬度為〇‧〇一七到〇‧〇一八公釐（〇‧〇〇〇六七到〇‧〇〇〇七一英寸），可以長到一公尺（三英尺）長。與所有毛囊一樣，頭髮的毛囊始終處於三個階段其中之一：生長、分解或休止，但頭髮的生長期比大多數毛髮長，約為六年左右，這期間它的生長速度約為每天〇‧四公釐（〇‧〇二英寸）或每月一公分（〇‧四英寸）*。接下來是為期兩週的分解階段和六個月左右的休止期，然後再次開始增長。頭髮的長度極限通常在一公尺（三英尺）左右，最終會由於週期性生長模式而脫落。但你一輩子頭髮總共增長八公尺（二十六英尺）。

頭髮是身體健康、年紀和次文化的相對參考指標 **，對於性選擇有所影響。幾千年來，人類一直痴迷於頭髮的外觀。二〇〇三年，愛爾蘭的泥炭沼澤中發現了克羅尼卡文人（Clonycavan Man）。這是一具保存完好的鐵器時代屍體，他的頭髮被利用髮帶和髮膠豎起來，這些都是以植物油和松脂製成的，推斷必須從西班牙北部或法國西南部輸入。

---

* 較粗的毛髮生長速度比較細的快，差異範圍還頗大 —— 每個月增加長度從〇‧六公分（〇‧二英寸）到三‧四公分（一‧三英寸）的都有。

** 我個人的次文化時尚現階段为「邋遢書呆子」，不過在青少年時期我試過龐克頭、二〇年代光彩年華風格和齊柏林飛船那種世紀末陰陽怪氣的可怕頹廢造型。真的每一種都行不通。

頭皮屑

　　約一半的成年人都有頭皮屑，但沒人真正知道它從何而來，也沒有已知有效的解決方法，不過有很多聲稱有療效的產品等著你砸錢。頭皮屑若特別嚴重，便可能是皮膚病症──脂漏性皮膚炎造成的（如果你的鼻子、眉毛和頭皮發紅且發癢，很可能就是這種問題），但沒有人知道確切成因，不過一般認為和一種叫做**馬拉色菌**（*Malassezia*）的黴菌脫離不了關係。目前只能確定基本問題是皮膚細胞過度增生且過度脫落，而頭皮屑是由角蛋白構成的，最好的治療方法似乎只有煤焦油和抗真菌洗髮精。

禿頭

　　有四分之一的三十歲男性、一半的四十五歲男性和四分之一的五十歲女性都有禿頭的毛病。僅有兩種靈長類動物飽受毛髮脫落困擾，人類是其中之一──另一種是舊世界猴（Old World monkey，*Cercopithecidae*）科的截尾獼猴。禿頭的人和多毛的人擁有的毛囊數量相同，但他們的毛囊已經停止正常運作，僅長出無色的稀疏毛髮。男性禿頭始於前額髮際線後退和頭頂脫髮，隨後就宛如騎兵全面撤退。形成男性特徵的雄激素出現波動變化，以及遺傳體質，都會引發這種情況。女性禿頭通常是頭皮整體變薄，其原因成謎。圓禿則是一種不太一樣的毛髮脫落情況，通常發生在局部，且不可預測。

6.03 體毛

雖然你是所有哺乳類動物中毛髮最少的，只有五百萬根，但你仍然會長出各式各樣的毛髮，包括還在子宮內時曾短暫擁有且吃掉的毛髮。最初的毛髮是胎毛，一種輕柔鬆軟、濃密厚實的無色毛髮，十二到十六週時會開始在胎兒身上長出來。它通常在出生前一個月左右脫落，流入子宮內的羊水中，但偶爾也可能一直留到出生後幾週才掉落。

　　在子宮裡，胎兒會喝羊水，因而主動吞食脫落的毛髮，這些毛髮將成為最初胎糞的成分，嬰兒一出生就會立即排出，驚人的便便突襲，向新手爸媽們發出明確訊號，讓他們明白，尿布廣告中看起來乾爽整潔的育兒場景是他們永遠到達不了的平行時空。

　　出生幾個月後，毳毛（或稱「毫毛」）開始在身體大部分表面長出。它又細又短（小於二公釐），除了手掌、腳底和嘴脣等部位外，無處不在。奇怪的是，它的毛囊沒和皮脂腺相連。

　　青春期期間和之後，你會開始長出更堅韌的雄激素終毛，這是由稱為雄激素的荷爾蒙引起，在男性身上比女性的更濃密、分布更廣。這時其他怪異又美妙的毛髮開始從你身上冒出來：臉部的毛、陰毛，以及腿部、腋窩、眉毛、胸部、臀部、生殖器和肩部都有長短疏密各異的毛髮。腿毛相對較短，因為大多數只生長兩個月左右（而頭髮會持續長約六年）。腋毛的生長期較長，約為六個月。

毛髮小學堂

關於我們的毛囊如何產生捲髮或直髮，有項研究在二〇一八年發表，但並未給出結論，所以我們就不浪費時間啃這篇東西了。研究人員發現，圓形毛幹會產生較直的頭髮，而橢圓形毛幹會產生比較捲曲的頭髮，至於為何如此還不清楚。

剪髮、上髮蠟或剃毛和毛髮根部發生的問題一點關係也沒有，這與一般流行的觀點不同。

先天性遺傳多毛症（hypertrichosis）會導致一些奇怪的地方長出過多體毛，而多毛症（hirsutism）則發生在女性身上。通常男性身上終毛長得較濃厚的部位，如胸部或面部，患病女性在這些部位也會有濃密毛髮。

6.04 鼻毛與耳毛

鼻毛

我的鼻毛又長又厚又茂密，我不得不修剪它們，免得太常打噴嚏，真的滿可惜的。與頭髮相比，鼻毛囊的週期相對較短，但在你一生中，每個毛囊總共可以長出二公尺（六‧五英尺）長的鼻毛。

鼻毛被認為可以過濾掉一些惱人的物質（灰塵、花粉、蒼蠅、鮮奶油等），阻止它們進入肺部脆弱的運轉結構。但事實卻削弱了這種理論的說服力，平均來說，女性似乎鼻毛較少。但儘管肺部裡 —— 照理來說應該 —— 滿是灰塵、花粉和蒼蠅，還是能活得好好的。話雖如此，也有強而有力的證據顯示，患有花粉症和其他季節性過敏症的人之中，鼻毛密度較高的人患哮喘的可能性較小，因此這些毛髮似乎確實有用。

耳毛

耳毛可就截然不同了，由兩種毛髮組成：覆蓋大部分耳朵的鬆軟毫毛（見第 113 頁），再加上長在外耳屏、對耳屏和耳輪部分的耳朵終毛，這種耳毛較粗，在男性身上容易清楚看見。除了嚇唬小孩子和保持耳朵溫暖外，不知道這種毛髮有何用途，不過螺旋狀生長的耳毛在一些印度男性身上特別普遍。最長耳毛的金氏世界紀錄保持人是印度雜貨商拉達坎‧巴吉派（Radhakant Bajpai），他在二〇〇三年樹立該紀錄時，耳毛長十三‧二公分。到二〇〇九年接受採訪時，耳毛已達到二十五公分。

如果你想馴服耳毛或鼻毛，請當心。沒什麼能比得上拔鼻毛的痛苦，而且還有使毛髮向內生長的危險，那可是非常嚴重的。每次拔出一根鼻毛（或用力摳鼻子），都可能在鼻腔附近造成有感染風險的小傷口。鼻竇感染可能會讓人痛不欲生，所以還是建議修剪，而非拔毛，不管怎樣，保有一個遮擋髒汙的漂亮茅草屋頂總是比較好吧。

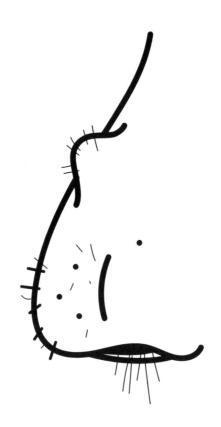

6.05 腋毛

儘管腋毛在青春期就開始生長，但它不算是陰毛的一種，而是腋窩的體毛。關於它對生存有何功能我們知之甚少，但一般看法是它在手臂和胸部之間提供一層壓延彈性物質來減少擦傷（儘管將它剃掉似乎也沒任何問題）。腋毛永遠不會長得特別長，因為它的生長週期只有六個月。

我們腋窩大汗腺產生的汗液含有脂肪，有些細菌以此為食，腋毛會將這些細菌產生的各種氣味鎖住。這樣一來，我們每個人都有一種獨特的氣味，可能對異性有吸引力，也可能產生費洛蒙（不過關於人類費洛蒙是否存在、能否被感知，幾乎沒找到過什麼證據，見第 121 頁）。工作繁重、充滿壓力的一天過後，我喜歡嗅聞自己腋窩的氣味，你也一樣對吧。但我家裡的其他人就興趣缺缺，為此我還引用了二〇一八年的一項研究，該研究發現，聞了伴侶襯衫然後再參加測驗的女性會感覺這些測試比較不讓她們緊張。有些人真的很難伺候啊。

二〇一六年，有項研究發現，剃掉腋毛的男性在接下來的二十四小時內體味會明顯減弱。其他研究發現，當女性處於月經週期最易受孕的階段時，她們往往會發現睪固酮濃度高的男性氣味更具吸引力，而男性則感覺處於黃金受孕期的女性最好聞。

6.06 臉毛

男人的臉部毛髮毫無生理機能，這只是人類特有、由睪固酮驅動的怪毛病（大猩猩和黑猩猩的臉部毛髮會隨著年齡增長變稀薄，而不是愈來愈濃厚）。鬍鬚的形狀和厚度主要由 EDAR 基因決定。鬍鬚生長是第二性徵，這意味著它並非生殖系統的基本組成部分，而是性選擇的演化結果，像鹿角、獅子鬃毛和孔雀尾羽一樣，是一種裝飾性的標誌，向雌性傳達訊息，表明雄性有強大的基因可以傳給他們的後代。

這就讓人非常想問了：女人對留鬍子的男人比較有好感嗎？根據二〇一四年發表在《生物學報》（*Biology Letters*）上的一項研究，女性有「負頻率相關偏好」，這意味著如果供她們選擇的大多數男性都剃光鬍子了，她們就偏好留鬍鬚的男性，但如果大多數男性都留有鬍鬚，她們便比較喜歡鬍子刮得乾乾淨淨的男性 *。我就知道會這樣。

---

* 二〇一三年的一項研究讓這回事變得更複雜了些，研究人員發現濃密的鬍渣是最吸引人的外表，而處於月經週期最易受孕階段的女性認為它最具吸引力。

6.07 眉毛與睫毛

眉毛

目前還不是很清楚為什麼人類有眉毛，我們的祖先身上，眉毛或許能阻止汗水和雨水滴入眼睛，也可能為他們遮蔽陽光。看看我們的祖先**海德堡人**，她的眉骨碩大，但前額幾乎不存在，因此這個理論似乎並不像乍聽之下那麼荒謬。她根本可說是擁有一頂骨頭做的棒球帽。

但現在人類的小小眉脊就像一頂毛茸茸的棒球帽一樣，毫無用處，為什麼它們還存在呢？是這樣的，**眉毛的溝通作用意外強大，能夠傳達非常微妙的含義**。再加上人的額頭面積相對較大，而且皮膚具備彈性，由一系列肌肉靈活控制，眉毛對於強化情緒表現和傳達複雜同理心非常有效。

想像一下蒙娜麗莎，你很難不被那張臉迷住，還會被她的表情弄糊塗。那是愛？不屑？她是不是覺得便便如果拉乾淨，今天會比較愉快舒服？我們無法分辨，因為她沒有眉毛。達文西的天才——除了一些韻味絕妙的筆觸之外——就在於他將那些明顯的情感路標去除，讓我們難以猜測。如果說眼睛是靈魂之窗，那麼眉毛就是情感的窗戶。

睫毛

　　睫毛的保護功能似乎更明確，你的上眼瞼有九十到一百六十根彎曲的睫毛，排成五或六列，而下眼瞼有七十五到八十根睫毛，排成三到四列。睫毛根部的力學感受器使它們對觸覺非常敏感，如果它們被蒼蠅或灰塵等異物觸發，就會迫使你反射性眨眼。它們對眼睛周圍的空氣流動也有顯著影響，可以減緩淚膜的蒸發速度，並減少落在眼球上的微塵顆粒數量。有一項風洞實驗發現，睫毛的最佳長度是眼睛寬度的三分之一 *。

----

* 有沒有人能拿這件事，幫我勸勸我家這位睫毛成癮的女兒波比，她都不
　聽我的話，十足典型青少年。

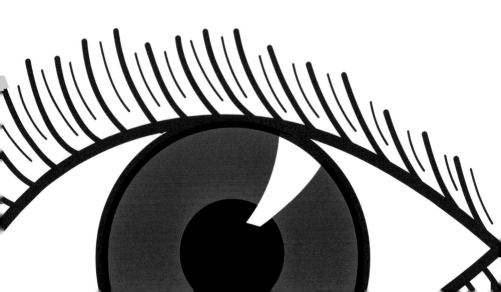

6.08 陰毛

我們不確定為什麼人類毛這麼少（見第 113 頁），但更令人困惑的是，我們的生殖器周圍長著這麼一叢神祕的陰毛。**大多數靈長類動物生殖器周圍的毛髮比身體其他部位的毛髮要細，所以為什麼我們的生殖器周圍有這種奇怪、堅硬的毛髮是人類進化過程中許多未解之謎之一。**

陰毛由濃密的終毛組成，青春期 * 之後由於荷爾蒙分泌增加而開始長出。當古早人類彼此交流還只能含糊咕噥時，陰毛的存在可能有發送訊號的作用，以這種視覺指示表達又有一個人已經進入青春期，因此與這個人交配將獲得演化優勢。

有些人認為，陰毛可以減少性交過程中的摩擦，避免生殖器擦傷（儘管也有些人說有摩擦感覺才棒），而另一些人則認為，茂盛的陰毛或許有助於保留並醞釀可能對異性有吸引力的費洛蒙。後面這種理論有些漏洞：第一，人類的費洛蒙尚未被發現過；第二，即使它們確實存在，我們也不知道人類是否聞得到；第三，我們沒有犁鼻器 —— 這是狗、貓和許多其他哺乳動物都有的第二隻鼻子，似乎可用來偵測費洛蒙。

---

* 名叫黛西和波比的這兩個女孩信誓旦旦地認定，青春期就是轉大人的年齡，代表從此以後可以和父母一起上酒吧。並不是好嗎？它指的是一系列影響範圍廣泛的身體變化，透過這些變化，人體成熟，轉變為具有生育能力的成年人。

陰毛確實會吸收汙垢和汗水，有利於阻止這些髒汙進入陰莖或陰道 ── 這些容易受到病原體感染的身體開口。陰毛還可將生殖器特別隔離起來，還滿方便的是吧，但如果其他靈長類動物可以沒有，為什麼我們非得要有呢？

陰毛小學堂

思考陰毛的意義是沒有意義的，我們不妨想想假陰毛。這是陰毛界的假髮，一般認為最初是妓女用它來遮掩性病留下的疤痕，或者隱藏自己為了杜絕蝨子剃掉陰毛的事實。不過，現在演員們較常將它們當作演出裸露場景時的道具，一頂小巧的「毛茸茸比基尼」，能發揮心理上的防護作用，或者用來呈現出早期人們通常不加以修飾的茂盛模樣 ── 或者只是不好意思讓人知道他們太執著於將自己剃得精光。

6.09 指甲與表皮角質

━━ ○一四年，金氏世界紀錄測量了印度人什德哈爾‧奇拉爾
━━（Shridhar Chillal）左手的指甲，得到的結果是累計長度
為九百零九‧六公分，其中拇指的指甲有一百九十七‧八公分，
緊緊捲縮成球。這毫無疑問是最沒實際意義的世界紀錄，會有人
想挑戰這項紀錄嗎？

　　胎兒在子宮內約二十週大時開始長指甲，指甲根部的活性組
織基質會形成堅韌有彈性的角蛋白細胞，以此組成指甲。隨著新
細胞產生，指甲被在它們後面發育的新細胞向前推動，形成沿著
甲床（nail bed）滑出的甲板（nail plate）。甲床包含許多血管，
為甲板本身提供營養。甲床裡還有很多神經，所以你如果撕裂或
切開指甲的生長部分會很痛。手部指甲的平均生長速度為每個月
三‧五公釐，腳趾甲生長速度較慢，約為每個月一‧六公釐。人
死後指甲會停止生長，但屍體的皮膚脫水會使鄰近的皮膚收縮，
使指甲看起來彷彿持續生長。

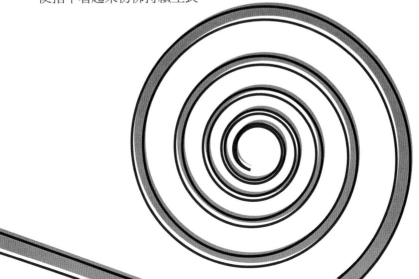

自食癖

我老愛啃咬我的表皮角質並吃下肚,有時甚至會痛到流血。
這是一種稱為食皮癖的自食症狀,似乎沒有一定規律:當我
感到無聊或壓力大時,我會這樣做;可是我不無聊,也沒感
到壓力時,也會這樣做。我真的、真的超愛這回事,撕掉一
大塊皮膚時,我會感到異常滿足,然後很快意識到自己有多
白痴,因為接下來會痛上好幾個星期。

奇怪的是,我不太咬指甲,而且我認為咬指甲的人真不可思
議。某種程度上,我們所有人都算自食者,會生產和食用
大量不同的身體物質,包括唾液、鼻黏液,以及舌頭和臉頰
上的死細胞。有些人也喜歡吸吮傷口的血或咀嚼痂。但最狂
熱的自食現象應該在北美鼠蛇身上,曾有一條在野外被發現
時,已經吞掉自己身體的三分之二。每次看到我家的狗和貓
追自己尾巴時,我總是想知道事態會如何發展。

6.10 毛舌頭

黑毛舌現象非常普遍，約 **13%** 的人都曾有過。它是舌頭表面的一種奇怪塗層，呈現黑色毛髮狀，朝向口腔後部延伸，這是過度生長的絲狀乳頭（filiform papillae）造成的。這些類似乳頭的錐形結構對於碰觸很敏感，被宛如毛刷的許多絲線覆蓋，遍布整個舌頭，但不包含任何味覺感應器。它們通常覆蓋在舌頭上厚達一公釐，如果不藉由刷牙或日常的磨蝕動作加以擦拭，它們便可能過度生長，尤其是在舌頭後部。如果它們變得格外地長，就可能看起來像毛髮（畢竟都是相同的組成材質：角蛋白），且將細菌、食物和酵母菌黏附住。發生這種情況時，微生物會使皮膚變成黑色、白色、棕色甚至綠色。牙刷不乾淨和大量使用抗生素或其他藥物是造成黑毛舌的兩個可能原因。要說會引起什麼病症嘛，其實很少，但會導致口臭（見第 144 頁）。通常使用牙刷和刮舌器就能輕鬆去除這些毛。

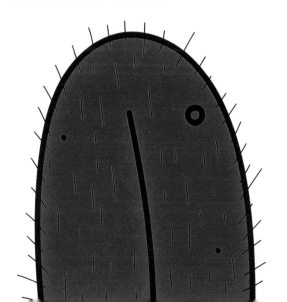

第七章
寄生於你的幸福大家庭

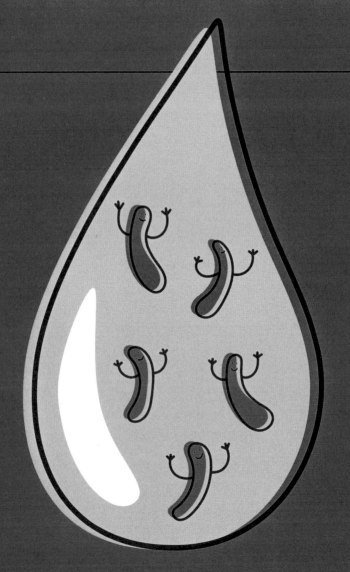

7.01 細菌

你永遠不孤單,離孤獨還差得遠了,你從裡到外都充滿了細菌。事實上,你身上的細菌數量這麼多,要說這是一副人體,還不如說是細菌體:**一個七十公斤的人含有約三十萬億顆人類細胞(其中絕大多數,約 85% 是紅血球)和約三十九萬億隻細菌、病毒和真菌 ***。這些構成你個人專屬的微生物世界,稱為你的微生物基因體,它對人類健康至關重要,但也是疾病和氣味的來源。與人體細胞相比,它所含的細菌非常微小,而且平均只能存活二十分鐘。這些細菌的總重量僅有二百公克,但繁殖速度非常快,並且遍布全身,主要集中在你的腸道裡。每平方公分的皮膚上還有十萬隻微生物,分屬二百個不同的物種。

　　一六七六年,荷蘭布商安東尼‧范‧雷文霍克(Anthonie van Leeuwenhoek)在顯微鏡下觀察雨滴時,首次發現了細菌。他注意到雨滴中有一些蠕動的小東西,並稱它們為「小小動物」,還滿可愛的。直到一八四四年,亞格斯汀‧巴謝(Agostino Bassi)** 才發現它們不是全都很可愛,有時還會導致疾病。一

---

*　過去人們認為我們體內細菌與人體細胞兩者的數量比例更高,為十比一,但在二〇一六年的一項研究對此又重新估算,研究者為以色列雷霍沃特市魏茲曼科學研究所的羅恩‧米洛(Ron Milo)和羅恩‧桑德(Ron Sender)和加拿大多倫多兒童病院的夏伊‧福克斯(Shai Fuchs)。

**　一七七三年～一八五六年,義大利科學家,研究家蠶白殭病而成為微生物研究先驅,是第一位以實驗證明微生物的確能導致動物生病的人。

八七六年，羅伯·柯霍（Robert Koch）* 發現它們可能會使人類生病——即炭疽病。

　　細菌是單細胞生物，通常呈桿狀或球狀，大多數對我們無害甚至有益，尤其是腸道中的細菌，能幫助消化食物（有一些食物腸子無法自行處理，須由腸道菌分解，你攝取的卡路里約 10% 來自於此）。目前已鑑定出超過一百萬種微生物，但已知會導致疾病的不到一千五百種。然而，那些致病細菌，如在霍亂、傷寒、鼠疫和結核病背後作祟的細菌，一旦大量繁殖就可能產生非同小可的危害，約三分之一的人類死因是微生物感染。

　　傳播細菌這件事你可是擅長得很，人平均每小時觸摸臉部十六次，這會促使微生物從環境傳播到人體的孔洞中，也會將微生物從臉部帶回環境中。雖然傳播這麼容易，細菌可是很挑的，身體某些部位往往只有極特定類型的細菌會選擇安家落戶。

隸屬細菌那一方的身體

　　各方估算值不盡相同，但你全身可能攜帶著約四萬種形形色色的微生物。以下列出幾種：

頭皮

　　頭皮屑的成因大多是**丙酸桿菌**與**葡萄球菌**的比例失衡。

口腔

　　轉糖鏈球菌將糖轉化為酸，侵蝕牙釉質，導致蛀牙。它只是

---

*　一八四三年～一九一○年，德國醫師兼微生物學家。一九○五年，因結核病的研究獲得諾貝爾醫學獎。柯霍因發現炭疽桿菌、結核桿菌和霍亂弧菌而出名，發展出一套用以判斷疾病病原體的依據——柯霍氏法則。

牙齦上一千三百種細菌和臉頰內側八百種細菌中的一種。

鼻腔

鼻孔內有約九百種不同的細菌。

皮膚

痤瘡**丙酸桿菌**棲息在皮膚毛孔和毛囊中，可促使斑點生成。至少有二百種不同的細菌生活在皮膚上。

腋下

人葡萄球菌遇到汗水時會產生一種名為硫醇的惡臭化合物。

陰道

主要是產生乳酸的**乳酸桿菌**，還有**白色念珠菌**，即造成鵝口瘡的真菌。

腸道

我們身上的大部分微生物都生活在這裡：約有三萬六千種。

糞便

約 30% 的固體廢物是死掉的細菌。

腳部

表皮葡萄球菌似乎總是伴隨著異戊酸 —— 陳年斯蒂頓起司 * 的氣味。

---

* 藍起司（經過特殊的「青黴菌」發酵，味道強烈、帶有藍灰色紋路的起司）的一種，生產於英國德比郡、萊斯特郡、諾丁漢郡三個地區。

7.02 倒霉的你

黴菌和酵母菌都是真菌，我們的環境中它們無處不在，但到了人類身上，它們主要影響皮膚、腸道、呼吸道和泌尿生殖系統。常見的酵母菌感染包括陰道鵝口瘡和輪癬，不過在腸道中也能發現無害的**念珠菌屬**真菌。真菌的細胞壁非常強韌，使它們難以對付。約有三百種真菌可引起人類相對輕微的感染（但是對於免疫缺陷患者可能就嚴重了）——**一般來說，真菌對植物界的傷害要大得多**。例外情況包括會導致嚴重腦膜炎的**新型隱球菌**，以及會引起頭痛和呼吸系統損傷的**葡萄穗黴菌**（在我學生宿舍潮溼牆壁放肆蔓延的「地頭蛇」黴菌）。

7.03 寄生蟲（噁心慎入）

全世界所有兒童的頭號噩夢：發現一條寄生蟲從皮膚底下鑽出頭來，渾身膿血蠕動著。你是否只想放任它緩緩溜出？但這也有風險，說不定它又鑽進皮膚就此消失；或者你會抓住它的頭猛拉，冒著把它扯斷、剩下半截永遠留在你體內的危險？

　　人身上能找到的體內寄生蟲可說是琳瑯滿目，從導致瘧疾的微小單細胞原生動物**瘧原蟲**到巨大的條蟲都有。瘧疾是迄今殺傷力最強的寄生蟲病，由受感染的**瘧蚊**叮咬引起。

　　傷害較小但更令人反感的是蠕蟲，例如條蟲，它們可以長到九公尺長，壽命長達二十年。名字霸氣十足的麥地那龍線蟲（也稱為幾內亞蠕蟲）可長到一公尺長。如果它露出頭來，千萬不能拉扯它，因為它會洩漏一種強大的抗原，引發過敏性休克，導致死亡。建議這樣處理，將它纏繞在一根棍子上，每天輕輕地移除幾公分。

7.04 蠕形蟎蟲（噁心慎入）

我的媽呀，接下來的東西真的有夠討人厭。

毛囊蠕形蟎是一種微小的八足蛛形綱蟎蟲，它們生活在毛囊內，主要分布在你臉上。大多數成年人的臉部皮膚每平方公分有〇·七隻蟎蟲，但如果是紅斑痤瘡患者可能有更多──約每平方公分十二·八隻。幾乎可以肯定牠們現在就在你皮膚裡、身體上和周圍爬行，儘管最大長度有〇·四公釐，但牠們很少被看見。**牠們的壽命約為兩週，大部分時間都在夜間移動（最高速度可達每小時八到十六公釐），尋求交配對象，然後再擠回你的毛囊中蟄伏，一整天埋頭狂吃。**牠們會吃掉毛根皮脂腺中的毛囊細胞和油性皮脂，通常偏好眉毛和睫毛，這些毛髮較多汁，也喜歡在鼻子、前額和臉頰周圍進食。

如果剛剛講的那些讓你感覺想嘔吐，請為接下來的內容做好準備。**蠕形蟎沒有肛門。**從好的方面來說，這意味著牠們不會整天在你臉上拉屎。但糟糕的是，牠們的腹部會愈脹愈大，直到牠們死去，身體分解，把所有的糞便一口氣全倒在你身上。

值得慶幸的是，蟎蟲很少引起疾病。牠們與酒渣鼻這種皮膚病症有關，但還無法確定是牠們造成酒渣鼻，或者只是在患有此病的人身上繁殖得更好。

7.05 陰毛蟹、體蝨與蝨子（噁心慎入）

陰毛蟹

陰毛蟹根本不是螃蟹，而是長得像螃蟹的陰蝨，專門寄生在人類身上，每天吸血四到五次，飽餐一頓，可長到一·三到兩公釐長。成年後，牠們能存活一個月左右，每天忙著產卵。陰蝨主要在陰毛中出沒，因為陰毛的粗細特別適合牠們攀抓，但牠們也可以生活在生殖器和肛門之間的肛周區域，而且體毛豐厚的男性身上有許多區域都能供其生存。陰蝨的唾液對人體皮膚會造成強烈刺激，所以如果你不幸被感染，你的下體一帶大概就會非常癢。好消息是牠們很少引起疾病。真是好險。

陰蝨通常透過性行為傳播，你也許能不停抱怨是共用毛巾或床單惹禍，但這樣子一般只會引起朋友和伴侶側目。如果你發現自己被感染，就需要使用蝨子梳進行一次痛苦的療程，然後再連吃十天的滅蝨藥物。還有，記得鼓起勇氣打電話通知你所有最近的性伴侶，請以「說來挺好笑」的語氣分享這個消息。

體蝨

體蝨的身長可達四公釐，通常在住於人群密集處且衛生條件差的人身上找得到。問題所在往往是人與人之間的接觸，其根本原因卻始終是貧困。蝨子生活和繁殖都在衣服上，但每天會多次造訪人體以吸食血液。雌性體蝨每天最多產八顆蛋。與陰蝨不同，體蝨會傳播疾病，例如斑疹傷寒。牠們咬傷皮膚，引起

會發癢的皮疹，這些皮疹很容易惡化且被感染。治療方式主要包括改善衛生 —— 清洗身體和衣服 —— 但必要時可以使用殺蝨劑（pediculicide）。

蝨子

　　有了孩子的樂趣之一就是在收到「班上有人有蝨子」的通知簡訊後，隔天早上出現在學校，凝視每位家長的眼睛，看看誰的樣子最內疚。結果老是你們家。頭蝨身長二到三公釐，不能跳躍或飛行。然而，牠們可以將腿連接到毛幹底部，而且對許多滅蝨療法已演化出免疫力。蝨子還能長時間浸泡在水中而存活下來，不過將頭髮弄溼可阻止牠們移動。好好梳頭把蝨子排除乾淨是對付牠們的最佳（但也是最痛苦的）方法，但無論醫生怎麼勸你，你最終還是會去找藥劑師買昂貴的治療藥物。為人父母就是會這樣。

7.06 臭蟲（噁心慎入）

溫帶臭蟲（*Cimex lectularius*，如果你在熱帶地區，那就是**熱帶臭蟲**（*Cimex hemipterus*）也不是什麼善類。牠們只在你睡著時吸血，而且壽命長得驚人，生育能力強，雌性臭蟲每天能產下二到三顆卵。體型並不是特別小，有一到七公釐長，但白天牠們藏在床裡面和床周圍的縫隙中，等到黑暗時刻才爬出來覓食。牠們喜歡在黑暗、溫暖的環境中爬行攝食。

臭蟲可以攜帶約三十種人類病原體，包括 MRSA（耐甲氧西林金黃色葡萄球菌），至於牠們是否會將其中任何一種傳染給我們則尚不清楚。然而，臭蟲叮咬會導致皮疹、水泡和過敏反應。如果叮咬處發癢，強烈的抓撓會破壞皮膚並導致繼發性健康問題，例如感染。還有一個特別令人不舒服的問題也與臭蟲有關，就是寄生蟲妄想症 —— 對於被寄生蟲感染有揮之不去的厭惡和恐懼，伴隨有心因性瘙癢感，稱為觸碰體感幻覺。

你也許會更換床墊和床褥用品、高溫洗滌床褥用品和用吸塵器將看得到的一切都清過，這些都可以試試，但臭蟲幾乎無法根除。**牠們這麼頑強，有部分原因是成年臭蟲能在不進食的情況下存活長達六個月**。因此，對治的重點是消除症狀而不是擺脫臭蟲。你大概得學著與臭蟲和平共處，而非試圖殺死牠們。

7.07 在我們身體裡下蛋的蟲子（噁心慎入）

蜘蛛可以在人體內產卵，我也希望能這麼說，但很抱歉，這完全是不實的謠言。然而，蒼蠅幼蟲對人類造成寄生蟲感染確有其事。這被稱為蠅蛆病，罪魁禍首是馬蠅、螺旋蠅和麗蠅。在熱帶農村地區最常見這些蒼蠅成群侵擾，有許多種方式能造成危害。皮膚的蠅蛆病是蒼蠅在開放性傷口產卵引起的，在熱帶地區，若發生戰爭造成人員大量受傷可能會成為嚴重問題。幼蟲還可透過受汙染的食物下肚，以及鑽進嘴巴、鼻子或耳朵來感染人體（在特別嚴重的耳蠅蛆病病例曾發現，幼蟲最終可能會進入大腦）。眼蠅蛆病是一種幼蟲感染眼睛的可怕疾病，通常是馬蠅惹的禍。

　　蒼蠅在宿主身上產卵後一天左右卵就會孵化，誕生的幼蟲會鑽破皮膚進入，將自己埋到皮下組織裡。這過程造成的損傷就很可能會被感染，宿主有很高的風險會得到敗血症或其他血液感染病症。

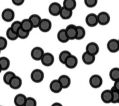

第八章
感覺怪怪的

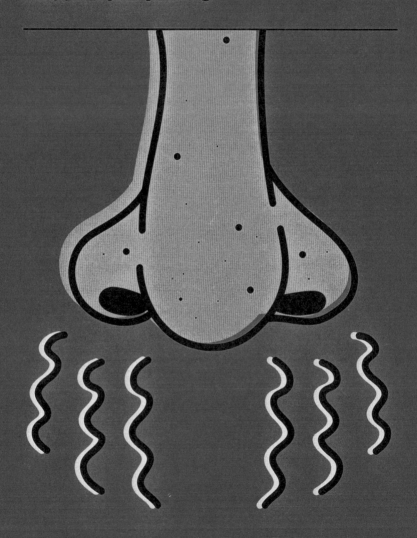

8.01 感官知覺與尷尬

我們對自己身體生理現象感到尷尬，這種感覺的來源就在於感官知覺的運作機制：一套我們大腦與外界之間的中介工具。最明顯的感官是視覺、觸覺、聽覺、嗅覺和味覺，還有，你也可以感覺到疼痛、冷熱、時間（雖然不太準確）、加速、平穩、血液中的氧氣和二氧化碳濃度以及本體感覺（對於四肢、肌肉的運動和位置的感受）。你能不盯著腳步爬樓梯嗎？那就是本體感覺。

這些感官訊息全都被送到大腦：一個沉默的、謎樣 * 器官，質感和斯帕姆午餐肉一樣。你永遠看不到它，它也永遠看不到你周圍的世界，但它會分析所有這些輸入的訊息，並且創造你對自我、愛戀、快樂、痛苦、羞恥、信任、恐懼、懷疑等完整感覺。

在公共場合聽到自己放屁會覺得不好意思？這種感覺是由大腦的前扣帶迴膝皮層產生的。我們尚不了解其中的機制，但大多數心理學家都認為，羞恥感可能是為了維持社會秩序演化而來

---

* 我們確實知道大腦中不斷有微小的電子訊號滋滋作響，這些訊號透過八百六十億個稱為神經元的神經細胞與一百兆個突觸（神經元之間的連結——每個神經元透過它們與多達一萬個其他神經元相連）、八千五百萬個非神經元神經膠質細胞來進行發送、儲存和分析。大腦每天消耗四百卡路里的熱量（占總能量消耗的 20%），有趣的是，無論是全神貫注寫一本科普書籍，還是靜靜凝視燭火發呆空想，這個耗能數值都保持不變。

的，呈現羞恥的經典反應如臉紅、摸臉、視線向下和強制微笑，
這些反應讓我們向其他人傳達訊息，表示自己明白破壞了社會常
規且感到自責，因為有這樣的溝通功能進而又加強那些反應。研
究指出，表現出尷尬的人比較容易被喜歡、原諒和信任。這一定
是幫助我們這種社群生物進化的有用工具，但我擔心它也會讓我
們當個乖乖牌，阻礙個人獨特性發展。

感官小學堂

每個人感知世界的方式都不盡相同。聯覺（synaesthesia）
是一種不尋常的感官知覺，它使一些人能夠將音樂、字母或
星期幾視為顏色。其他有聯覺的人可能會將某些景象與氣
味連結起來或者使某些詞語和味道產生聯繫。有一項研究發
現，約 4.4% 的人能體驗聯覺。

更令人著迷的是其他動物擁有的感官，那些我們只能夢想的
感知方式。狗能藉著磁感應來感測地球磁場，而且排便時
往往習慣將自己的身體沿南北向磁力線對齊，牛也一樣。有
些蛇有紅外線視覺，一些蜜蜂、鳥類和魚類的視力超出我們
的可見光譜，能夠仔仔細細看到紫外線波頻，這意味著牠們
實際上正在體驗我們幾乎無法想像的顏色。像嗑了藥一樣迷
幻。

8.02 體味

我們每個人都被自己獨特的氣味雲所包圍，這些氣味的作用就像氣態指紋：大多數人都可以透過氣味辨識出自己的近親，父母通常聞衣服就能認出自己的孩子。你的氣味會隨著你的健康狀況變化（糖尿病患者有時聞起來會有水果味或類似丙酮的味道），狗嗅聞人體能診斷出的疾病種類範圍令人驚訝，例如新冠肺炎，甚至在癲癇發作前，牠們就能先聞出來。

　　性選擇相關的氣味偏好方面，人類還滿明顯的。研究人員讓一組女性嗅聞男性受試者睡覺時穿過的 T 恤（這些男性已根據一組特定的性格特徵進行評估區別，並嚴格禁止他們吸菸、飲酒或使用香水），然後要求她們找出與 T 恤相匹配的那些個性特徵。事實證明，女性僅憑氣味就能非常準確地判別男性是否外向、神經質和支配欲強。性格強勢被認為與某些激素濃度較高有關，這些激素會分解成影響氣味的分子。研究指出，聞起來較容易「強勢主導」的男性讓女性更喜歡，尤其是女性處於月經週期最易受孕的階段時。奇怪的是，女性甚至能透過氣味識別男性體型的細節，她們較喜歡身體對稱者的氣味（或許意味著優質基因）。

　　澳洲雪梨的研究人員發現，男性吃了水果和蔬菜後，他們的汗水讓女性感覺比較好聞，「具有更多的花香、果香，帶著甜味和消毒劑氣味」。進行前述「汗水 T 恤實驗」的瑞士生物學家克勞斯・魏德金（Claus Wedekind）博士還發現，如果女性在氣味中發現男性擁有與自己不同的免疫系統，那麼她會更容易被男性

吸引，這點很有意義：這對男女結為夫婦後，未來生下的孩子將從兩個截然不同的個體繼承其免疫系統，使他們抵禦感染的能力更強大，能夠有更高的機會生存下來。

　　男人呢？關於他們對氣味偏好的研究似乎少得多，但確實有研究指出，男性較喜歡排卵期女性的氣味，而覺得女性在月經期的氣味不太吸引人。

體味小學堂

每個人都知道流汗會使自己發臭，但奇怪的是，汗水本身沒有氣味。其實，大部分臭味源自細菌孳生，而汗水具備可供細菌生長的合適成分和潮溼環境，這是因為它是三個腺體的組合產物。雖然身體的每個部位都會出汗，但大部分氣味都是在溫暖舒適的部位好好調製醞釀出來的——主要是那些布滿腺體、會分泌各種汁液的部位，尤其是腋窩，還有腹股溝、頭皮、腳、口腔、肛門周圍和生殖器。

這些腺體將分泌的汁液滲到你皮膚上後，生活在你身上的各種細菌和真菌便以這些汁液為食並且繁殖，溫暖潮溼、相對不透氣且被毛髮覆蓋或有皮膚摺疊的人體部位能讓牠們繁衍得格外順利。我們的身體氣味是牠們活動的副產品，體味的化學成分很值得玩味：是一種混合物，主要由脂肪酸、硫烷醇和臭臭的類固醇組成。有丙酸桿菌產生、帶醋味的丙酸，以及混和了起司和水果味的異戊酸、聞起來像腐臭奶油的丁酸和雞蛋味的硫醇。

有趣的是，男性的體味往往聞起來較像起司，而女性的則像洋蔥，這可能是由於男性身上的傑氏棒狀桿菌數量較多，而女性的溶血葡萄球菌數量較多。

那麼，有體味不好嗎？嗯，從醫學的角度來看，有味道本身並沒有問題，但這通常暗示衛生條件差，就可能會帶來問題：太髒可能意味著你的整體微生物基因體（見第 127 頁）失衡，且某些細菌的繁殖數量已經足以引起疾病。體味被認為是一種很好用的人類進化工具，有助於識別自己所屬的群體和家庭，在吸引異性和促進繁殖方面也發揮作用。

8.03 口臭

呼吸的過程相當扎實規律，如此反覆持久令人驚訝，平均每個人一輩子進行約四億次呼吸。你吸進的每一口氣都含有二百五十垓（2.5×10^{22}）個氧氣分子，而呼氣中流失的液體量驚人——每天約流失三百二十毫升的水。出於顯而易見的原因，呼吸動作非常簡單方便，但它的少數缺點之一是口腔異味或口臭，這可能會非常尷尬，而且自己難以察覺，一旦有這種情況，家人、朋友和同事都不好意思告訴你。口臭主要是由舌頭後部形成的生物膜引起，此生物膜富含細菌，與食物中的氨基酸相互作用，產生有氣味的揮發性硫化合物，通常是口腔衛生不佳的結果。不過還有許多其他潛在原因，包括口腔乾燥、食物卡住和低碳水化合物飲食，這些會產生過多有水果味的酮，並在呼吸中釋放。有口臭者更該擔憂的是，它會不會是由一種叫做黑毛舌的症狀所引起（見第 125 頁）。

口臭中的主要氣味揮發物與放屁中的揮發物非常相似（見第56頁），只不過它們的含量通常不同，因而使口臭具有獨特的氣味。口臭含有多達一百五十種成分，但主要成分是：硫化氫（聞起來像臭雞蛋）、甲硫醇和二甲硫醚（像擺太久的高麗菜）、三甲基胺（像腐臭魚肉）和吲哚（像帶有花香的狗屎）。

　　研究顯示，男性比女性更容易有口臭問題，而且常透過嘴巴而非用鼻子呼吸的兒童也比較容易有口臭。有件事說來奇怪，「口臭」一詞的英文 halitosis 是由生產漱口水的公司李施德霖（Listerine）創造的（嚴格來說，算是重新被挖出來的古老字詞），而有口臭恐懼症（halitophobia）的人會擔憂自己有口臭，即使他根本沒有。

氣味小學堂

氣味總是組合了數種氣味揮發物出現的，而不單單只有一種。番茄中有四百多種不同的揮發物，巧克力有六百多種，烘焙咖啡豆則有一千多種（不過真正聞得到的香氣只包含其中二十到三十種）。

8.04 視覺

我把羊眼球放在冰箱裡，任何時候，當我需要在科學舞臺秀表演解剖羊眼球，大概都能從那裡拿一打來用，它們真的很神奇，這就是為什麼我想告訴你一些關於眼睛的驚人事實，不過它們一點都不噁心，也不令人尷尬。**眼睛的運動稱為掃視，你每天大約會做二十五萬次掃視動作。**所有的這些聚焦和重新聚焦活動，以及過程中吸收的數百萬種不同顏色與和強度的光，加起來會產生極龐大的訊息量，以至於高達 30% 到 50% 的大腦皮層都用於處理這些訊息。你的每隻眼睛都有個大得超乎你想像的盲點，但大多數時候，你不會意識到它，因為大腦會將缺失的訊息填補起來。要找到這盲點並不難，方法是閉上一隻眼睛，盡可能伸展你的手臂，並在空中舉起一根手指。將視線對準正前方，慢慢地在視線範圍內水平擺動手指，你會看到它在離焦點不遠的地方消失。繼續移動手指，它會神奇地再次出現。

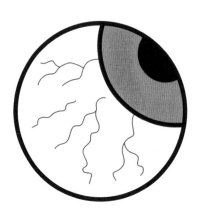
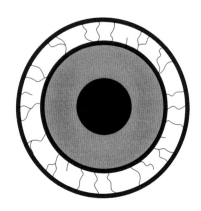

8.05 搔癢與輕撫

我的女兒們過去經常要求移動的癢（knismesis）── 輕柔地撫摸脖子後面或前額 ── 幫助她們入睡（更準確一點，她們稱之為「癢癢摸摸」*）。**大白鯊也喜歡這樣，在牠鼻頭下方輕輕搔癢就能使牠進入半催眠狀態。**移動的癢與被稱為會讓人起笑、更加喧鬧的撓癢癢（gargalesis）明顯不同，後者在大多數靈長類動物身上都能奏效（黑猩猩和大猩猩會發出喘息聲而不是笑聲，但它們被認為是同一回事）。即使是小老鼠也很容易被搔癢。

但搔癢和撫摸有什麼意義呢？好吧，它們都會觸發大腦中腦內啡的釋放，讓我們感到放鬆、快樂，而且 ── 這點超級重要 ── 更願意信任。給自己搔癢是不可能的，但當別人對我們搔癢時，大腦的反應會不同。你被另一個人撓癢癢時，身體感覺皮層（與觸覺相關）和前扣帶迴膝皮層（與愉悅感相關）反應更強烈，因為撓癢癢這種行為被認為源於整理儀容的社交活動。梳理和搔癢是孩子和父母之間重要的身體聯繫活動，由此產生的笑聲（見第 64 頁）是釋放社交場合緊張情緒的重要工具。所有的這些元素都有助於將人類聯繫在一起，讓彼此更能同心合作，這是社群生物能成功續存的重要表現。

---

*　這是我從媽媽那裡學到的技巧，她總是用指尖輕輕撫過我的皮膚，讓我入睡，她這樣做時，我的皮膚會感到有點震顫，但不會很癢。我喜歡這樣被撫摸，當我疲累的時候，我常意識到自己正在用眼鏡臂輕摩額頭。這樣算怪咖嗎？

　　你是藉由力學感受器（例如默克爾觸體、邁斯納小體、盧費尼末梢和巴齊尼小體）感覺到發癢。默克爾觸體，皮膚表面附近的慢適應受器，能讓你感覺到微微的輕撫呵癢感，而皮膚較深處、卵形的巴齊尼小體則可感覺到較重的撓癢癢。二者的機制是相同的：當皮膚受按壓時，它們會稍微變形，將神經衝動以電流形式沿著微小的軸突（想像一下每個神經細胞都有小到不可思議的電纜延伸出去）發送到大腦。邁斯納小體對精細觸覺和低頻振動有反應，而盧費尼末梢能感應牽引拉伸。

　　二十世紀九〇年代後期，科學家們還發現一種叫做 CT 纖維的神經，輕柔的撫摸就能觸發這種神經。它們集中在頭部、手臂、大腿和上身，與大多數神經纖維不同，後者將訊息發送到大腦的體感皮層進行處理。而 CT 纖維還會另外將訊息發送到島葉皮層，島葉皮層專司處理情緒，而且負責處理對他人想法與意圖的大腦區域與島葉皮層有很強的聯繫。CT 纖維似乎是由輕柔、緩慢的撫摩觸發的，每秒約三到五公分的輕緩移動，而且在溫暖的溫度下運作最有效。這怎麼說都像是專為癢癢摸摸而生的感受器吧。

搔癢小學堂

實驗證實，集中在無毛皮膚上的邁斯納小體觸覺受器能對僅二十毫克——一隻蒼蠅的重量——的壓力做出反應。

8.06 發癢與抓癢

發癢被稱為瘙癢症（pruritus），產生這種感覺的機制有點神祕。若你檢查發癢部位，通常除了裸露的神經末梢集束外，幾乎找不到其他東西了。它與痛覺（稱為傷害感受）有些類似，但也有許多不同之處。例如，瘙癢感只發生在皮膚、角膜或黏膜的最外層，而疼痛則可能發生在身體深處。此外，瘙癢感會讓你想要抓撓，而疼痛會使人想要做出防備或退縮動作。

身體接觸（昆蟲在你身上爬行或纖維細毛刺激皮膚）讓人覺得癢，對蛋白水解酶或組織胺的化學反應也會使人發癢。引起瘙癢感的原因有數百種，包括過敏反應，如花粉症和光照性皮膚炎、皮膚病，以及細菌、真菌或病毒感染，還有對藥物或疾病的反應。也有心因性的（源自心理感受），我不得不說，坐下來寫這篇文章時，我真的癢得要命。

對癢的反應是抓撓，通常讓人感覺很舒服，但對此我們了解甚少。你或許認為抓不抓癢可以自己決定，但有時這可能是幾乎不受控制的反射動作。癢感刺激發生後，附近的肢體——通常是手——會自動到該區域，並有節奏地在那兒移動以緩解這種感覺。在狗兒和我家的貓身上會看到同樣的情況：在特定位置撫摸牠們，就能觸發自動抓撓反應，你會看到牠們的腿在半空中不停屈伸「抓撓」，直到你停止撫摸。

癢癢小學堂

有時候光是談論瘙癢或看到瘙癢的樣子就會讓人覺得癢，這種「傳染性瘙癢」的心理層面尚有待研究。可能與「神經鏡像映射」這種奇怪（且鮮為人知）的移情作用有關，這種作用中，只是看著別人的身體動作（例如抓癢）就可以觸發自己大腦中的神經活動，反映出該動作，使人也想抓抓自己。這能很有效地在你身上複製瘙癢的感覺，就像是傳染瘙癢。

當身體某一部位的感覺轉移至另一部位時，就會出現名為 *mitemmpfindung*，也就是「移轉性瘙癢」的現象。在這種情況下，身體某一處的撓抓觸壓、瘙癢或刺痛會在完全不同的部位感受到。

8.07 抽搐

大多數肌肉抽搐被稱為肌束顫搐，任何肌肉都可能發生，但最常見於腿部和眼瞼，我們對此了解得不多，因為是良性的，所以沒有人真正費心去研究。我們確實知道它們是由神經刺激引起的，但尚不清楚是在神經的哪個環節被啟動，不過再怎麼說，**抽搐也常發生在沒有任何神經刺激的肌肉中**。一旦發生刺激，脊柱中的下運動神經元就會發出訊號，使肌肉纖維塊收縮。睡眠太少或運動過多都可能引起抽搐，而且與低血鎂症或咖啡因攝取過量也有關（大學時代的我是個咖啡當水喝的夜貓子，就有腿部嚴重抽搐的困擾）。

抽搐沒有任何可靠的治療方法，不過有些緩解痙攣和癲癇的藥物可能有效。改善睡眠品質和飲食習慣等生活方式的轉變通常也有幫助——只不過，改變自己，這事說起來很容易，做起來卻很難。我向醫生求教後，總算治好腿部顫抖的毛病。醫生告誡我，每天喝四公升健怡可樂和八杯咖啡，而且老是熬夜寫論文，這不僅容易導致腿部抽搐，也是通往墳墓的捷徑。

8.08 打哈欠

雖然我們自認很懂，但打哈欠多年來一直是稀奇的詭異神經現象之一。之前的理論認為，它有助於提高血液中的氧氣濃度來應對缺氧情況。然後，一九八七年出現一篇論文，點出二者之間沒有任何關聯，但也沒有提供其他解釋，整個哈欠學（chasmology，打哈欠的科學）宇宙再次陷入黑暗和混亂，直到今天。

　　打哈欠是一種緩慢的反射動作，你有餘裕能夠好好控制它，不像眨眼，眨眼大多快速且不自覺。當我們無聊、疲倦或偶爾感到壓力，就可能出現打哈欠的反應。目前已知它會增加流向頭顱的血液，並稍微冷卻大腦，但我們還是不曉得這是否有任何意義。奇怪的是，人往往最容易在一夜好眠醒來後打哈欠。

　　就像微笑和大笑一樣，打哈欠具有很強的傳染力，任何待過課堂的人都知道。即使聽到有人談論打哈欠也會讓你打哈欠。我在寫這篇文章的時候，也頻頻打哈欠，我懷疑你讀的時候，也可能在打哈欠。對此最好的解釋是，打哈欠是某種形式的同理心訊號，因此是一種將我們這樣的社群生物聯繫在一起的好用小工具。

　　但打哈欠甚至會在不同物種之間傳染。狗看到人類打哈欠就跟著打哈欠 *，無論牠們看到的是不是自家主人，這格外令人納

＊　正如您可在敝人拙著《狗麻吉的科學》（*Dogology*，時報出版）中讀到的那樣。

悶，因為我們知道狗打哈欠是因為壓力，而不是無聊。我家那隻邋遢獵犬布魯聽我說要出門去散步，就知道得熬過一段等待時間，必須等我東抓西揀將所有必要的裝備都確定帶齊，這期間牠會反覆誇張地打哈欠（舌頭都完全捲起來了）。對於其他動物，打哈欠有多種用途。狒狒以打哈欠示威，企鵝打哈欠是牠們求愛儀式的一部分，而天竺鼠憤怒的時候會打哈欠（祝牠們好運）。

哈欠小學堂

嬰兒在子宮裡會打哈欠，昏迷的人也是。你可以閉著嘴打哈欠——我經常在開會時這麼做——雖然每個人心知肚明，因為你的臉頰會鼓起，就和湯姆・克魯斯（Tom Cruise）很努力想演出下定決心的表情一樣。

第九章
身體說了啥

9.01 肢體語言

我們不僅會因為身體的生理現象覺得難為情，也經常為了與世界打交道時的自我形象感到不好意思，約93%的溝通交流都屬於非語言的。一九六〇年代，心理學家艾伯特・麥拉賓（Albert Mehrabian）發現，只有7%的情感訊息是由專門傳訊的詞語來傳達。其餘的都依賴說話的語氣（38%）和肢體語言（55%）。（麥拉賓表示，這只適用於某人具體談論自己的好惡時，但他的意見仍然值得重視。）

當肢體語言用來當作性選擇工具時，令人尷尬的情況就可能特別容易發生。每次踏上舞池都會害羞？或許不是你做了什麼該受譴責的行為。女性和異性戀男性對強壯男性的舞蹈評價高於較柔弱的男性，處於月經週期最易受孕階段的女性，在男性眼中的舞姿和步態顯然更性感。

但請注意：許多關於肢體語言的普遍看法不如你所想的那麼可信。雙臂交叉可能給人一種自我防衛或憤怒的感覺，但表達相反的意涵也十分常見。大搖大擺的步伐常被認為是外向和冒險的表現，而緩慢、放鬆的步伐則給人冷靜、充滿自信的印象，但研究表明，這種相關性並不存在。還有一件事也很有意思，我們藉由破解肢體語言看穿說謊者的能力爛透了：**就算是警察、司法單位的精神病學家和法官，察覺謊言的能力也就和碰運氣差不多。**

傳統的觀點認為，撫摸頭髮、擺弄衣服、眼神交流和點頭表示同意等肢體語言都是女性的挑逗暗示。不過，這些雖然都可能是調情的跡象，但女性對她們不感興趣的男性也會發出同樣的訊號 —— 有可能只是為了幫助她們收集更多訊息來決定是否要進一步發展關係。事實證明，只有持續超過四分鐘的挑逗性肢體語言才表示是真的感興趣。

　　即使是假裝演出的肢體語言也能大大改變人們對你的看法。典型的例子就是面試技巧：求職面試中，保持眼神交流、微笑和點頭會增加你被錄取的機會，而閃避眼神接觸、板著一張臉會讓你更可能被拒絕。

　　假裝演出的肢體語言甚至可以改變你的生理化學狀態：假笑已被證明可以讓自我感覺良好，人自己也可以明顯察覺。心理學家曾做過一項很好玩的實驗研究，他們告訴一半的志願受試者保持一副「精力充沛」的樣子兩分鐘，而另一半在玩一場獲勝機率完全相等的賭博遊戲之前則維持「毫無幹勁」的姿態兩分鐘。那些持續顯得精力滿檔的人比較有意願賭一把，且睪丸激素濃度升高，與壓力相關的皮質醇濃度降低。你的姿勢也會影響情緒：挺直坐正會產生積極的情緒，而坐得彎腰駝背會讓你感覺消極。

美貌小學堂

你的外表和氣質之間有一種奇怪的聯繫。研究顯示，漂亮的女性比不漂亮的女性更容易生氣。你的性別也是關鍵因素：男性通常比女性更容易生氣，而身體強壯的男性比弱小的更容易發火。年輕人也往往比老年人更易動怒。

根據二〇二一年發表在《皇家學會學報》（*Proceedings of the Royal Society*）上的一篇文章，免疫功能與對美貌的主觀感受之間也有顯著的相關性，不可小覷。研究發現，人們所散發的魅力確實與健康和免疫力有關。基本上，如果你很有魅力，你可能比沒啥魅力的人更健康。我很不想承認，這份研究真令我討厭。

9.02 臉紅

人會臉紅的原因仍是個謎團——查爾斯・達爾文（Charles Darwin）說臉紅是「所有表情中最奇特、最人性化的」。之所以難以理解，部分原因在於對它進行研究不容易。我們知道其中的機制：尷尬、害羞、浪漫聯想或激情引起情緒壓力，這種壓力會使皮膚表面微小毛細血管中的血流增加，而臉隨之變紅。這種發紅的情況會擴及頸部、胸部和耳朵，使皮膚感覺發燙變熱或煥發光彩。

　　臉紅是不由自主的，因此大家通常都認為它完完全全反映出內心感受。有個理論認為，對於像我們這樣的群居動物來說，當我們感到羞愧時，坦誠交流是很重要的（無論我們是否願意），因為這等於承認我們與促使我們臉紅的人有著相同的規則和價值觀。就某種意義來說，這是一種非語言形式的道歉，也發出一種訊號，表示我們與同行伙伴的思考方式相同，這能加強團隊凝聚力。

　　但臉紅也可能失控，使臉紅者極度焦慮不自在。只是告訴一些人他們臉紅了就會導致他們臉紅，極端情況可能演變成嚴重的社交恐懼症或社交障礙焦慮。

潮紅小學堂

潮紅與臉紅的機制相同，但卻是一種不同的現象，原因來自生理而非心理，而且可能的原因相當多元。咳嗽、食用辛辣食物、性交、攝取咖啡因和脫水，以及停止體育活動都會引起潮紅。在最後這一項，你的血壓會隨著心跳加速而升高，推動超過肌肉所需的血液量周行全身，因而導致非常明顯的潮紅。飲酒會引發酒精性潮紅反應，其中乙醛的積聚會導致身體許多部位潮紅──30% 到 50% 的中國人、韓國人和日本人體質對此都很敏感。

9.03 哭泣

人會因為不快樂、喜悅、憤怒甚至幸福而出現情緒性哭泣，但沒有人真正知道我們為什麼要這樣做。我們從中得不到任何生理上的好處，而且我們是唯一會因為情緒而哭泣的動物。有很多理論，但由於各種原因，幾乎都無法達成共識，尤其這件事還有巨大的個體差異：有些人根本不哭。查爾斯・達爾文宣稱情緒性的眼淚「毫無意義」，而亞里斯多德（Aristotle）則認為，眼淚是一種排泄物，就像尿液一樣。**即使是大哭一場可以緩解壓力的這種說法也沒有得到科學研究證實。**

我們為何哭泣？最可能的原因是它增強了人類的社交能力：哭泣可以表現出脆弱，引起他人的同情。就演化的邏輯而言，富有同情心、善解人意的感性能力將人類聯繫在一起並促進合作，這對於我們做為社群生物的生存至關重要。哭泣還有助於平息他人（尤其是情人和父母）的憤怒，這對依賴社交的物種來說，也是有用的——儘管如果我沒記錯的話，在我的學生時代，哭也會引來惡毒的嘲笑（不過也可能只有我心中的米爾頓・凱恩斯〔Milton Keynes〕小鎮是這樣）。研究顯示，看著一張拍攝哭泣者的照片，只要視線停駐達到五十毫秒，就會在觀看者心中激起對那人的關愛、同情和支持。

哭泣小學堂

二○○二年的一項研究發現，女性的哭泣頻率比男性高，
比例為二‧七：負一，而且跨國比較的結果相當值得一讀：

國家	每四週內的哭泣次數	
	男性	女性
澳洲	1.5	2.8
巴西	1.0	3.1
保加利亞	0.3	2.1
中國	0.4	1.4
芬蘭	1.4	3.2
德國	1.6	3.3
印度	1.0	2.5
義大利	1.7	3.2
奈及利亞	1.0	1.4
波蘭	0.9	3.1
瑞典	0.8	2.8
瑞士	0.7	3.3
土耳其	1.1	3.6
美國	1.9	3.5

哭泣時自感羞恥的程度
（0 表示毫不羞恥，7 表示覺得超丟臉）

男性	女性
4.5	3.8
4.2	3.4
4.0	3.3
3.4	3.0
2.9	3.0
2.8	3.4
3.8	3.4
4.1	3.6
4.8	3.9
4.5	4.4
3.3	3.5
4.8	4.7
4.4	3.4
3.9	3.7

9.04 皺眉

英文有句話說：「把皺眉顛倒過來。」＊，其受歡迎的程度就像穿太空裝放屁＊＊一樣。如果我皺著眉頭，幾乎肯定是有什麼該死的好理由，別管我才是對的，放我自己一個人靜一靜就好——不一定是因為我正在生氣，但通常這時候我正想集中注意力。這就是皺眉的玄妙之處。

　　皺眉主要是由名副其實的皺眉肌所造成，它會將兩道眉毛向下拉，並讓它們向彼此糾合在一起，在前額上形成「如波起伏」的水平狀皺紋，有時也會在鼻梁上形成皺紋。在《人與動物的情感表達》（*The Expression of the Emotions in Man and Animals*）中，查爾斯・達爾文將皺眉肌稱為「麻煩的肌肉」，因為人們在精神或身體上遭遇麻煩時，往往會動用到它。但沒有研究證據能證明皺眉有助於解決問題。事實上，恰恰相反：研究結果讓我們看到，皺眉會讓你心中的感覺更負面。

　　目前還不清楚我們為什麼會皺眉。皺眉不會傳染（微笑、打哈欠和咳嗽就會），而且實際上它似乎不會造成共鳴作用，這意味著其他人不太可能受到皺眉者的情緒影響。這也使得皺眉不同於那些能將人類聯繫在一起的社會工具，但它不見得是憤怒的表現（當然憤怒的人會皺眉頭沒錯）。搭配嘴角下垂，皺眉也是遇事不順遂的反應動作。

＊　Turn that frown upside down，意為要人「別再愁眉苦臉」、「解開深鎖的眉頭」。

＊＊　a fart in a spacesuit，意指沒啥用處又討人厭的人事物。

皺眉小學堂

為了減少皺眉波紋和臉部皺紋而注射肉毒桿菌的人，通常比沒有注射的人更快樂，知道這件事讓我很煩。

9.05 微笑

你的臉部有四十二條不同的肌肉，能組合呈現出數千種表情，包括十九種樣貌各異的微笑。只要微笑，即便是假裝的，都是心靈良藥。《性格與社會心理學期刊》（*Journal of Personality and Social Psychology*）曾發表過一項研究，即使是依照研究人員指示，而非出自本意，只要嘴角上揚呈現微笑，就能讓受試者心情真的好一些，非常有感。這麼說來，世界第一惹人厭煩的那句話，「把皺眉顛倒過來」，確實是很不錯的建議呢（因此更加討人厭）。

更耐人尋味的是微笑有多真誠。真正的微笑轉瞬即逝，持續時間在三分之二秒到四秒之間。比這久一點的任何微笑模樣看起來都令人毛骨悚然，不太像是發自真心。

觀察眼睛周圍的眼輪匝肌如何收縮，就可以區分「非杜鄉式」*的假微笑和「杜鄉式」的真微笑，眼輪匝肌會使皮膚緊繃，擠出魚尾紋，而顴大肌會將脣角向上拉。杜鄉式微笑動用到這兩種肌肉，而非杜鄉式微笑只牽動嘴脣，其他部位幾乎沒有變化。

弔詭的是，假笑不一定是有意識演出的 —— 甚至嬰兒有時也會露出非杜鄉式微笑。五個月大的嬰兒察覺母親接近時，會使用

---

* 　紀堯姆・杜鄉（Guillaume Duchenne）是一位法國解剖學家，於一八六二年首先發現假笑和真笑時臉部皺紋的差異。

杜鄉式微笑，但在陌生人靠近時則改用非杜鄉式。幸福的夫妻相
視而笑終究是杜鄉式的，而感情不睦的怨偶會用非杜鄉式微笑。

　　非杜鄉式微笑有其必要，即使沒有表現出真正的快樂或愉
悅，它們卻能表示同意或默許。你可能認為我們人類非常善於解
讀同胞的微笑，但研究顯示，大多數人都沒察覺這兩種微笑的區
別。但話說回來，許多人會覺得，有人對你微笑就一定得回應才
行，即使是非杜鄉式微笑。

　　然而，微笑似乎遠不如大笑那樣普世通用，有些文化用它來
表示尷尬或困惑。在前蘇聯國家，對陌生人微笑有時被認為古怪
或可疑。我曾經到烏克蘭的車諾比附近、退役人員居住的通勤小
鎮斯拉夫蒂奇（Slavutych），買伏特加的時候，我試著對店員微
笑，我非但沒有得到非杜鄉式微笑的回應，而且還看到她一臉不
屑，那是一種讓我脊背發涼的鄙視神情。想想也對，外國來的怪
咖來買醉，她有什麼好高興的。

微笑小學堂

奇怪的是，如果女人看到另一個女人對某個男子微笑，她們
就會認為這男人比較可愛。一個被很多女人包圍的女人也會
得到如此評價，不管她們之中是否有人微笑。然而，男人的
想法卻恰恰相反：始終認為被男人包圍的女人他們才看不上
眼。男性朋友們，這太孬了吧？

參考資料

全體

Human Physiology by Gillian Pocock & Christopher D Richards (Oxford University Press, 2017)

Gray's Anatomy: The Anatomical Basis of Clinical Practice, edited by Susan Standring (Elsevier, 2020)

Anatomy, Physiology and Pathology by Ruth Hull (Lotus, 2021)

The Oxford Companion to the Body, edited by Colin Blakemore & Sheila Jennett (Oxford University Press, 2002)

2.02 鼻涕與鼻屎

'Cilia and mucociliary clearance' by Ximena M Bustamante-Marin & Lawrence E Ostrowski, *Cold Spring Harb Perspect Biol.* 9(4) (2017), a028241 ncbi.nlm.nih.gov/pmc/articles/PMC5378048/

'A guide for parents questions and answers: Runny nose (with green or yellow mucus)' (CDC) web.archive.org/web/20080308233950/cdc.gov/drugresistance/community/files/GetSmart_RunnyNose.htm

'Rhinotillexomania: Psychiatric disorder or habit?' by JW Jefferson & TD Thompson, *J Clin Psychiatry* 56(2) (1995), pp56–9 pubmed.ncbi.nlm.nih.gov/7852253/

'A preliminary survey of rhinotillexomania in an adolescent sample'
by C Andrade & BS Srihari, *J Clin Psychiatry* 62(6) (2001), pp426–31
pubmed.ncbi.nlm.nih.gov/11465519/

'PM2.5 in London: Roadmap to meeting World Health Organization
guidelines by 2030' (Greater London Authority, 2019)
london.gov.uk/sites/default/files/pm2.5_in_london_october19.pdf

2.04 耳垢

'Cerumen impaction: Diagnosis and management' by Charlie Michaudet &
John Malaty, *Am Fam Physician* 98(8) (2018), pp525–529
aafp.org/afp/2018/1015/p525.html

'Impacted cerumen: Composition, production, epidemiology and
management' by JF Guest, MJ Greener, AC Robinson et al, QJM 97(8)
(2004), pp477–88
pubmed.ncbi.nlm.nih.gov/15256605/

2.06 反胃

'Self-induced vomiting' (Cornell Health)
health.cornell.edu/sites/health/files/pdf-library/self-induced-vomiting.pdf

2.07 膿

'What are the pathogens commonly associated with wound infections?'
medscape.com/answers/188988-82335/what-are-the-pathogens-commonly-
associated-with-wound-infections

2.10 痂

'The molecular biology of wound healing', *PLoS Biol.* 2(8) (2004), e278
ncbi.nlm.nih.gov/pmc/articles/PMC479044/

2.11 汗水

'Diet quality and the attractiveness of male body odor' by Andrea Zuniga, Richard J Stevenson, Mehmut K Mahmut et al, *Evolution and Human Behavior* 38 (1) (2017), pp136–143

sciencedirect.com/science/article/abs/pii/S1090513816301933

2.15 舌垢

'The effect of tongue scraper on mutans streptococci and lactobacilli in patients with caries and periodontal disease' by Khalid Almas, Essam Al-Sanawi & Bander Al-Shahrani, *Odontostomatol Trop*, 28(109) (2005), pp5–10

pubmed.ncbi.nlm.nih.gov/16032940/

'Impact of tongue cleansers on microbial load and taste' by M Quirynen, P Avontroodt, C Soers et al, *Journal of Clinical Periodontology* 31(7) (2004), pp506–510

onlinelibrary.wiley.com/doi/abs/10.1111/j.0303-6979.2004.00507.x

'Tongue-cleaning methods: A comparative clinical trial employing a toothbrush and a tongue scraper' by Dr Vinícius Pedrazzi, Sandra Sato, Maria da Glória Chiarello de Mattos, Elza Helena Guimarães Lara et al, *Journal of Periodontology* 75 (7) (2004), pp1009–1012

aap.onlinelibrary.wiley.com/doi/abs/10.1902/jop.2004.75.7.1009?rfr_dat=cr_pub%3Dpubmed&rfr_id=ori%3Arid%3Acrossref.org&url_ver=Z39.88-2003

3.03 打嗝

'Hiccups: A new explanation for the mysterious reflex' by Daniel Howes, *BioEssays* 34(6) (2012), pp451–453

ncbi.nlm.nih.gov/pmc/articles/PMC3504071/

3.06 咳嗽

'ACCP provides updated recommendations on the management of somatic cough syndrome and tic cough', *Am Fam Physician* 93(5) (2016), p416
aafp.org/afp/2016/0301/p416.html

3.11 嘆息

'The science of a sigh' (University of Alberta) ualberta.ca/medicine/news/2016/february/the-science-of-sighing.html
'The integrative role of the sigh in psychology, physiology, pathology, and neurobiology' by Jan-Marino Ramirez, *Prog Brain Res* 209 (2014), pp91–129
ncbi.nlm.nih.gov/pmc/articles/PMC4427060/

4.01 皮膚的科學

'Human skin microbiome: Impact of intrinsic and extrinsic factors on skin microbiota' by Krzysztof Skowron, Justyna Bauza-Kaszewska, Zuzanna Kraszewska et al, *Microorganisms* 9, 543 (2021)
mdpi-res.com/d_attachment/microorganisms/microorganisms-09-00543/article_deploy/microorganisms-09-00543-v2.pdf

5.02 經血

'A kiss is still a kiss – or is it?' (University at Albany)
albany.edu/campusnews/releases_401.htm

'Kissing in marital and cohabiting relationships: Effects on blood lipids, stress, and relationship satisfaction' by Justin P Boren, Kory Floyd, Annegret F Hannawa et al, *Western Journal of Communication* 73(2) (2009), pp113–133
scholarcommons.scu.edu/comm/9/

5.07 瘀青與吻痕

'A jungle in there: Bacteria in belly buttons are highly diverse, but predictable' by Jiri Hulcr, Andrew M Latimer, Jessica B Henley et al, *PLoS One* 7(11) (2012), e47712
ncbi.nlm.nih.gov/pmc/articles/PMC3492386/

5.11 屁股

'An infant with caudal appendage' by Jimmy Shad & Rakesh Biswas, *BMJ Case Rep* (2012)
ncbi.nlm.nih.gov/pmc/articles/PMC3339178/

6.02 頭髮

'The stumptailed macaque as a model for androgenetic alopecia: Effects of topical minoxidil analyzed by use of the folliculogram' by Pamela A Brigham, Adrienne Cappas & Hideo Uno, *Clinics in Dermatology* 6 (4) (1988), pp177–187
sciencedirect.com/science/article/abs/pii/0738081X88900843

6.04 鼻毛與耳毛

'Does nasal hair (Vibrissae) density affect the risk of developing asthma in patients with seasonal rhinitis?' by AB Ozturk, E Damadoglu, G Karakaya et al, *Int Arch Allergy Immunol* 156 (2011), pp75–80
karger.com/Article/Abstract/321912

6.06 臉毛

'A genome-wide association scan in admixed Latin Americans identifies loci influencing facial and scalp hair features' by Kaustubh Adhikari, Tania Fontanil, Santiago Cal et al, *Nature Communications* 7, 10815 (2016)
nature.com/articles/ncomms10815

'Negative frequency-dependent preferences and variation in male facial hair' by Zinnia J Janif, Robert C Brooks & Barnaby J Dixson, *Biology Letters* 10 (4) (2014)
royalsocietypublishing.org/doi/10.1098/rsbl.2013.0958

'The role of facial hair in women's perceptions of men's attractiveness, health, masculinity and parenting abilities' by Barnaby J Dixson & Robert C Brooks, *Evolution and Human Behavior* 34 (3) (2013), pp236–241
https://www.sciencedirect.com/science/article/abs/pii/S1090513813000226

6.07 眉毛與睫毛

'Supraorbital morphology and social dynamics in human evolution' by Ricardo Miguel Godinho, Penny Spikins & Paul O'Higgins, *Nature Ecology & Evolution* 2 (2018), pp956–961
nature.com/articles/s41559-018-0528-0

'The eyelash follicle features and anomalies: A review' by Sarah Aumond & Etty Bitton, *Journal of Optometry* 11 (4) (2018), pp211–222
sciencedirect.com/science/article/pii/S1888429618300487

6.08 陰毛

'The search for human pheromones: The lost decades and the necessity of returning to first principles' by Tristram D Wyatt, *Proceedings of the Royal Society B* 282 (1804) (2015)
royalsocietypublishing.org/doi/10.1098/rspb.2014.2994

7.01 細菌

'Revised estimates for the number of human and bacteria cells in the body' by Ron Sender, Shai Fuchs & Ron Milo, *PLoS Biology* 14(8) (2016), e1002533
biorxiv.org/content/10.1101/036103v1

7.07 在我們身體裡下蛋的蟲子

'Biomechanical evaluation of wasp and honeybee stingers' by Rakesh Das, Ram Naresh Yadav, Praveer Sihota et al, *Scientific Reports* 8, 14945 (2018)
nature.com/articles/s41598-018-33386-y

8.02 體味

'MHC-dependent mate preferences in humans' by Claus Wedekind, Thomas Seebeck, Florence Bettens et al, *Proceedings of the Royal Society B* 260 (1359) (1995)
royalsocietypublishing.org/doi/10.1098/rspb.1995.0087

'Diet quality and the attractiveness of male body odor' by Andrea Zuniga, Richard J Stevenson, Mehmut K Mahmut et al, *Evolution and Human Behavior* 38 (1) (2017), pp136–143
sciencedirect.com/science/article/abs/pii/S1090513816301933

8.03 口臭

'Halitosis – An overview: Part-I – Classification, etiology, and pathophysiology of halitosis' by GS Madhushankari, Andamuthu Yamunadevi, M Selvamani et al, *Journal of Pharmacy and Bioallied Sciences* 7 (6) (2015), pp339–343
jpbsonline.org/article.asp?issn=0975-7406;year=2015;volume=7;issue=6;spage=339;epage=343;aulast=Madhushankari

9.01 肢體語言

'More than just a pretty face? The relationship between immune function and perceived facial attractiveness' by Summer Mengelkoch, Jeff Gassen, Marjorie L Prokosch et al, *Proceedings of the Royal Society B* 289 (1969) (2022)
royalsocietypublishing.org/doi/10.1098/rspb.2021.2476

9.02 臉紅

'The puzzle of blushing' by Ray Crozier, *The Psychologist* 23 (5) (2010), pp390–393

thepsychologist.bps.org.uk/volume-23/edition-5/puzzle-blushing

9.03 哭泣

'International study on adult crying: Some first results' by AJJM Vingerhoets & MC Becht, *Psychosomatic Medicine* 59 (1997), pp85–86, cited in 'Country and crying: prevalences and gender differences' by DA van Hemert, FJR van de Vijver & AJJM Vingerhoets, *Cross-Cultural Research* 45(4) (2011), pp399–431

pure.uvt.nl/ws/portalfiles/portal/1374358/CrossCult_Vijver_Country_CCR_2011.pdf

9.04 皺眉

'Facilitating the furrowed brow: An unobtrusive test of the facial feedback hypothesis applied to unpleasant affect' by Randy J Larsen, Margaret Kasimatis & Kurt Frey, *Cogn Emot* 6(5) (1992), pp321–338

pubmed.ncbi.nlm.nih.gov/29022461

9.05 微笑

'Inhibiting and facilitating conditions of the human smile: a nonobtrusive test of the facial feedback hypothesis' by F Strack, LL Martin & S Stepper, *J Pers Soc Psychol* 54(5) (1988), pp768–77

pubmed.ncbi.nlm.nih.gov/3379579/

致謝

　　從我能記得事情開始，就常看著我父親沉浸在書中，我滿心敬畏，非常希望自己能像他一樣，吸收世界上所有的知識和故事，一副頭腦超好的樣子。所以，當我一學會閱讀，馬上就跟著做同樣的事情，將自己投入到每一本能拿到手的書本中，每晚我都帶著手電筒一起睡覺，好讓自己能多讀一個小時。直到很久以後，我才明白是我媽特意把手電筒留在我的床頭櫃上。我什麼都讀，八歲時就讀了杜斯妥也夫斯基（Fyodor Dostoyevsky）的《罪與罰》（*Crime and Punishment*），當然，我當時還不太懂拉斯科爾尼科夫讓自己陷入了怎樣的困境，但這不重要，因為光是能像我爸那樣坐著：汲取文字，聆聽聲音，沉浸在故事中，就足以讓我沾沾自喜，我感到自豪。所以我特別想感謝我爸爸，他激發我的好奇心。如果本書中有任何內容讓人讀了不舒服，追根究柢要算在我老爸的頭上。

　　這本充滿膿液和嘔吐物、令人作嘔的科學小書孕育過程中，有幾個人讓我保持神智正常。感謝出色的史黛西・克魯沃斯（Stacey Cleworth）、莎拉・拉威爾（Sarah Lavelle）和方舞（Quadrille）出版團隊的其他傑出成員。抱歉，我一如既往，總是遲交。感謝路克・柏德（Luke Bird）義氣相挺，無償提供我一些令人驚嘆的插圖。感謝我女兒黛西（Daisy）、波比（Poppy）和喬芝雅（Georgia）願意容忍我——在實質空間和心

理上──沒好好陪伴她們。我要向 DML 可愛的團隊致敬：楊·克拉克森（Jan Croxson）、博拉·賈森（Borra Garson）、露易絲·勒夫維奇（Lou Leftwich）和梅根·佩姬（Megan Page）。感謝安德烈·塞拉（Andrea Sella，這傢伙有夠聰明）和所有在過去十五年來歡迎／忍受我的諸多精彩的科學祭營隊。還要感謝大量未具名的研究人員，他們懷著嚴謹態度和求知熱情，探研了最奇怪、最美妙的科學領域，所以我可以拿他們的發現來與各位閒聊，逗你們開心。就像往常一樣，我也要感謝布洛迪·湯普森（Brodie Thomson）和艾莉莎·哈茲伍德（Eliza Hazlewood）。

感謝沙漏咖啡館提供了思考和創造的空間，還有超殺的頂級啤酒（旁邊還外加一壺熱牛奶）。

最後，非常感謝那些來看我表演的觀眾們，當我們 Gastronaut 團隊在舞臺上現場演示一些絕對令人反胃的科學實驗，你們都笑到翻倒。我愛死你們了！

中英對照

LEARN 系列 071

有點噁的科學：尷尬又失控的生理現象
Rude Science: Everything You've Always Wanted to Know About the Science
No One Ever Talks About

作　　者 —— 史蒂芬·蓋茲（Stefan Gates）
譯　　者 —— 林柏宏
副總編輯 —— 邱憶伶
責任編輯 —— 陳映儒
行銷企畫 —— 林欣梅
封面設計 —— 兒日設計
內頁排版 —— 張靜怡

編輯總監 —— 蘇清霖
董 事 長 —— 趙政岷
出 版 者 —— 時報文化出版企業股份有限公司
　　　　　　108019 臺北市和平西路三段 240 號 3 樓
　　　　　　發行專線 —— (02) 2306-6842
　　　　　　讀者服務專線 —— 0800-231-705・(02) 2304-7103
　　　　　　讀者服務傳真 —— (02) 2304-6858
　　　　　　郵撥 —— 19344724 時報文化出版公司
　　　　　　信箱 —— 10899 臺北華江橋郵局第 99 信箱
時報悅讀網 —— http://www.readingtimes.com.tw
電子郵件信箱 —— newstudy@readingtimes.com.tw
時報出版愛讀者粉絲團 —— https://www.facebook.com/readingtimes.2
法律顧問 —— 理律法律事務所　陳長文律師、李念祖律師
印　　刷 —— 絃億印刷有限公司
初版一刷 —— 2023 年 7 月 28 日
初版二刷 —— 2023 年 10 月 11 日
定　　價 —— 新臺幣 450 元
（缺頁或破損的書，請寄回更換）

時報文化出版公司成立於一九七五年，
一九九九年股票上櫃公開發行，二〇〇八年脫離中時集團非屬旺中，
以「尊重智慧與創意的文化事業」為信念。

有點噁的科學：尷尬又失控的生理現象／史蒂芬·
蓋茲（Stefan Gates）著；林柏宏譯 . -- 初版 . -- 臺
北市：時報文化出版企業股份有限公司 , 2023.07
192 面；14.8×21 公分 . --（LEARN 系列；71）
譯自：Rude Science: Everything You've Always
　　　Wanted to Know About the Science No One
　　　Ever Talks About
ISBN 978-626-374-091-4（平裝）

1. CST：人體生理學

397　　　　　　　　　　　　　　　　112011079

ISBN 978-626-374-091-4
Printed in Taiwan